费登奎斯方法基础

动作、神经可塑性和健康

费解与显然

The Elusive Obvious
The Convergence of Movement,
Neuroplasticity, and Health

〔以〕摩谢·费登奎斯（Moshe Feldenkrais）◎著

曹晓东　郭建江　商顺利◎译

诺曼·道伊奇（Norman Doidge）博士◎作序

北京科学技术出版社

Published by agreement with the North Atlantic books through the Chinese Connection Agency, a division of Beijing XinGuangCanLan Shukan Distribution Company Ltd.（北大西洋图书通过北京新光灿烂书刊发行有限公司旗下 Chinese Connection Agency 授权出版。）

著作权合同登记号　图字：01-2022-2429

图书在版编目（CIP）数据

费解与显然：动作、神经可塑性和健康 /（以）摩谢·费登奎斯（Moshe Feldenkrais）著；曹晓东，郭建江，商顺利译. — 北京：北京科学技术出版社，2023.1

书名原文：The Elusive Obvious: The Convergence of Movement, Neuroplasticity, and Health

ISBN 978-7-5714-2622-4

Ⅰ.①费… Ⅱ.①摩… ②曹… ③郭… ④商… Ⅲ.①应用心理学 Ⅳ.①B849

中国版本图书馆CIP数据核字（2022）第183601号

医疗免责声明

本书的信息均只作为一般性信息使用。在参考本书提供的建议前，读者应当听从健康从业人员的指导。读者在采用本书所提供的方法时需谨慎，且要自行承担责任。

责任编辑：	于庆兰
责任校对：	贾　荣
责任印制：	吕　越
图文制作：	北京永诚天地艺术设计有限公司
出 版 人：	曾庆宇
出版发行：	北京科学技术出版社
社　　址：	北京西直门南大街16号
邮政编码：	100035
电　　话：	0086-10-66135495（总编室）
	0086-10-66113227（发行部）
网　　址：	www.bkydw.cn
印　　刷：	三河市华骏印务包装有限公司
开　　本：	787 mm×1092 mm　1/32
字　　数：	134千字
印　　张：	5.75
版　　次：	2023年1月第1版
印　　次：	2023年1月第1次印刷

ISBN 978-7-5714-2622-4

定　　价：58.00元

推荐语

摩谢·费登奎斯是独具远见之人，对意识和人类演变有着独到的认识。《费解与显然》展现了他观察与改善人类生活的洞见。

——罗素·德尔曼（Russell Delman）

Embodied Life ™ School 创始人

费登奎斯的工作具有革新性，它是温和的，而且通常非常有效。

——安德鲁·韦尔（Andrew Weil）

医学博士，整合医学（Integrative Medicine）的先驱

在《费解与显然》一书中，我们可以看到费登奎斯超越自己所处时代的智慧。这本书能帮助我们形成关于人类知识、能力、潜能的整体观，一种包括了具身注意与经验的知识观。的确，通过这本书我们将了解自己如何从困惑中解脱。

——珍妮弗·凯尔（Jennifer Kayle）

艾奥瓦大学（University of Iowa）舞蹈教授

《费解与显然》是摩谢·费登奎斯最容易理解的一本书，书中包含了费登奎斯方法背后的一些重要概念与基本原则。对学习、疗愈、自我提高过程有兴趣的人一定要读这本书。

——马雷克·维辛斯基（Marek Wyszynski）

物理治疗师，纽约费登奎斯学院

（The Feldenkrais Institute of New York）创始人

费登奎斯是 20 世纪有洞见的思想家。在动中觉察体系中，他指导我们如何更好地行动、更少地受伤、拥有更多的选择。他的教学内容满是关于自我疗愈的温柔的、自然的方式。《费解与显然》为读者展示了这一独特方法的科学逻辑。

——德博拉·戈德堡（Deborah Goldberg）

医学博士，疼痛科专家

费登奎斯方法不只是让我们活动肌肉，还帮我们改变大脑。

——卡尔·普里布拉姆（Karl Pribram）

医学博士，神经科学家

在使用费登奎斯方法时，老师会触碰你的身体，为你找到新的、更好的做动作的方式，它让你将不可能变成可能。

——亨特·彭斯（Hunter Pence）

美国棒球运动员

《费解与显然》一书体现了当代神经科学的研究框架，如具身认知、动态系统理论和行动主义，所有这些都证实了费登奎斯博士从学习、实践中获得的真知灼见，以及他敢于与主流思想对抗的纯粹勇气。在书中我们可以看到令人屏住呼吸的、简洁的、富有慈悲的智慧。读者既可以从书中找到为自己实践提供指导并令人勇敢的格言，也可以了解费登奎斯博士充满希望和智慧的思想。

——安德鲁·贝尔瑟（Andrew Belser）

宾夕法尼亚州立大学（Pennsylvania State University）

动作、声音、表演教授

费登奎斯对于身体动作的精细研究是我在其他地方从未见过的。

——彼得·布鲁克（Peter Brook）

大英帝国官佐勋章（OBE）获得者，剧场与电影导演

序言

有些书，你仅从书名就可以知道它的内容大概是什么，比如达尔文的《物种起源》；而另一些书，它的书名从字面上看是隐晦难解的，作者想逐步向读者揭示自己想表达的意义，就像奥利弗·萨克斯（Oliver Sacks）的《错把妻子当帽子》（*The Man Who Mistook His Wife for a Hat*）。摩谢·费登奎斯的《费解与显然》一书显然属于后者。

摩谢·费登奎斯接受过工程学、数学和物理学的教育，因此，他会表现出清晰的、线性的思维方式。但是，他更想让他的听众或读者自己解决问题——这一点是他的方法的核心。费登奎斯方法体系可以帮助人们创设一个情境，在这个情境中个体可以发现他自己需要做什么，而非在别人的指导下做什么。他在本书中也讲道："我自己也不喜欢吃别人咀嚼过的食物。"

然而，很多人却喜欢让别人介绍美食以及询问吃的东西是否好消化。因此，请允许我来讲述一下我自己对于本书的看法，以及虽然我本人并不是费登奎斯方法工作者，却为本书写序言的原因。

　　本书的书名已经道出了日常生活中我们经常遇到的自相矛盾的概念。这种自相矛盾来自我们习惯性地、无意识地完成日常活动与任务的方式。由于我们会重复这些活动，我们对它们如此熟悉，以至于关于这些活动的一切都似乎是显然应该如此的。我们重复这些活动的次数越多，对所做之事就会越熟悉，也就会表现得越自动化（或者有人会说"不是完全有意识"）。然而，如此一来，我们就会更少地注意或理解我们所做之事。这种情况下，就会出现问题——因为大多数人会认为，我们越多地做某事，就会越了解它。《费解与显然》一书指出，如果在"不带着觉察"的情况下做某事，我们很难深入地理解我们平时不断重复所做之事。在这方面，费登奎斯预见了直到最近才兴起的"正念"生活，他对动作和行动的"觉察"方法在帮助人们改掉坏习惯方面有独特且具体的贡献。

　　《费解与显然》一书探讨了费登奎斯开发的许多开创性方法，这些方法的目的是帮助人们摆脱这种重要的"矛盾"，找到摆脱坏习惯和有问题的日常活动方式的方法，它的重点是关注动作、学习、情绪和人类发展之间的关系。任何对费登奎斯方法感兴趣的人都会有所收获。费登奎斯指出，我们的许多功能受限（functional restriction）实际上是由习惯和学习造成的。本书是费登奎斯在75岁左右时完成的，他的意图非常明显，那就是对自己的理论观点做一个完整、全面的论述。确实，《费解与显然》一书展现了费登奎斯对"如何优化学习情境以达到最大限度的改变"的深刻理解，也展示了应用他的思想改善人类的限制、困扰和挑战的方法。但是，这不是一本教科书。本书是费登奎斯最吸引人的著作之一。

在本书中，费登奎斯以谈话的口吻探讨了这种"矛盾"（即我们对自己做得越多的事了解得越少）；也描述了费登奎斯的其他理念，并且展示了为解决大脑问题他是如何开发出这一方法体系的。

我在20世纪90年代初开始接触费登奎斯方法。我的工作需要久坐，而久坐导致我的身体出现了问题——这一问题从表面上来看似乎是一个生物力学问题。学习者可以通过费登奎斯课程（包括团体课程"动中觉察"和一个费登奎斯方法课程"功能整合"）对自己的动作更有觉察力。无论是采用动中觉察还是功能整合，费登奎斯方法工作者都会采用极其温和、微妙的动作来引导学习者，从而刺激其心智觉察（mental awareness）和神经系统。在费登奎斯方法工作者［接受过费登奎斯本人训练的玛丽昂·哈里斯（Marion Harris）］对我进行功能整合训练时，我从他那里了解到，这种方法可以帮助脑卒中患者、特殊需要儿童、脑损伤患者、脑瘫患者和其他有严重问题的人。作为一名医生，我知道这是一个远远超出主流医学思路的观念。但我确实发现这些训练正在影响我的神经系统，并且帮助我的费登奎斯方法工作者似乎不太会夸大其词，于是我开始对费登奎斯方法产生好奇。之后，我就开始阅读费登奎斯的著作。

在某种程度上，其实可以说是在很大程度上，是《费解与显然》这本书使我意识到费登奎斯之所以能够帮助大脑有问题的人，是因为他比自己同时代的人早几十年就认识到了"神经可塑性"。他向我们展示了他是如何创造性地通过非侵入性的心理体验和身体动作来影响大脑的——这正是我的兴趣所在。因此，我开始试图"破解"费登奎斯——弄清楚从哪里开始，如何以清晰、有效的方式解释他的工作。我还想确定费登奎斯方法与现有的关于大脑的知识是否吻合，同时我学习他对于大脑的认知以及如何使用这些知识（Doidge，2016）。

摩谢·费登奎斯对身心功能（mind-body functioning）运作原理和作用方面的知识的形成与积累做出了一些重要贡献。身心联系（mind-body connection）是西方所谓的整体（整合）医学、补充医学或功能医学的核心。虽然费登奎斯方法能够帮助人们改善功能和表现，减轻症状和疼痛，有时甚至能解决主流医学不能解决的问题，但费登奎斯本人强调，他不是在实践"医学"，甚至不是在"教学"。相反，他解释说，他是在创造这样一种情境，即学生可以利用自己已经提高的觉察能力来发现自己如何更好地改善受损的功能，在这种情况下有可能显现疗愈的效果。

这是可能的，因为费登奎斯认识到，神经系统比大多数人想象的要灵活得多。他发现，如果人们学会提高对自己如何做动作的觉察能力，参与动作和行动的神经回路实际上是可以改变的。利用这一原理，费登奎斯方法不仅可以帮助人们改善日常功能，还可以改变大脑的结构和功能。在发展自己方法的过程中，费登奎斯也有很多有价值的发现。比如，如何快速使神经系统安静下来，从而让它为学习新事物做好准备，或帮助大脑学习抛弃某些未意识到的习惯。更吸引人的是，通过这种方法，费登奎斯明白了，当正常发育过程（normal developmental process）在童年甚至出生前被很多不同类型的大脑问题打断时，它是如何恢复正常的发育过程的。

费登奎斯最初接受的是数学和工程学教育，后来在索邦大学（Sorbonne University）获得了物理学（机械工程）博士学位，他是法国诺贝尔奖得主弗雷德里克·约里奥-居里（Frédéric Joliot-

Curie）和艾琳·约里奥－居里（Irène Joliot-Curie）实验室的主要成员。

年轻时，费登奎斯的膝关节受到了严重的损伤，当时的药物和手术都无法治愈，于是他开始寻找知识和方法以自助。除了接受正规的学术教育外，费登奎斯还是欧洲最早的柔道大师之一，他写过几本有关徒手格斗的书，后来一些国家将这些书作为训练士兵的教材。他认识了东方文化对于身心功能的理解方式，并逐步理解了在利益得失很高的情况下，如生死搏斗之时，心理／心智对于身体功能的影响。

未被大脑"机械论"比喻所愚弄的物理学家

以一些主题为"神经系统在整个生命过程中都在生长和变化"的科学论文为参考文献，费登奎斯于1949年出版了他的第一本涉及生物学的书《身体与成熟行为：焦虑、性、重力与学习》（ *Body and Mature Behavior: A Study of Anxiety, Sex, Gravitation, and Learning* ）。该书的论点是费登奎斯方法的基础。

他引用了心理学家卡尔·拉什利（Karl Lashley）等人的实验，这些实验表明大脑具有可塑性，大脑中的神经细胞似乎能够形成新的连接和通路，学习可以促进某些神经通路更好地工作。这些观点对费登奎斯有重要的启发意义，因为在大多数生物学家和神经科学家还没有接受"成人的大脑可以改变"（即我们今天所说的"神经可塑性"）的观点之前的50年，费登奎斯就已经完成了此书。

神经可塑性，正如我所定义的，是大脑的一种功能，它允许大脑通过心理体验和活动来改变其结构和功能——但是，大脑的这种功能直到 21 世纪早期才被广泛接受。也是在 1949 年，加拿大心理学家唐纳德·赫布（Donald Hebb）推测，大脑可能具有可塑性（就像弗洛伊德在 19 世纪 90 年代所做的那样），但仅仅停留在假设层面。当时，大多数神经病学家和神经科学家认为，成人的中枢神经系统已经"硬接线"，他们认为大脑会产生心理／心智体验，但这些心理／心智体验不会改变大脑。

在我看来，费登奎斯之所以能够在这一领域获得重要的实践成果，并不是由于某种奇思妙想，而是冷静睿智。也许是因为他是一名核物理学家，在一门精确的"硬"科学中研究机器，所以一旦转向生物学，他很快就明白了关于大脑的主流比喻——它"像一台硬接线的电器一样"——是错误的。与神经病学家的说法不同，费登奎斯反复强调大脑在我们的一生中都在成长和变化。

费登奎斯还拒绝接受他那个时代的神经病学家普遍主张的定位理论（localizationism）。定位理论（脑功能区定位）是当时对大脑功能认识的主流观点，它宣称大脑中的某一特定位置会处理一种特定的心智功能。科学家和临床医生不相信大脑有任何可塑性，定位理论者认为，如果大脑中的一个区域被破坏了，就无法恢复失去的功能。这种关于生物系统"机械论"的思维方式可以追溯到伽利略和牛顿发现的物理机械与运动定律。这些定律是如此深入人心，以至于科学家们试图用它们来描述生物学中的生命系统。这也使得科学家们用机械术语来描述人的身体，就好像身体是一台机器。打个比方——心脏就像一个泵，这个词很有用也很形象，但另一种比喻——大脑是一台计算机——就会令人产生重大的误解。由于费登奎斯知道物理学已经远远超越了这些早期的机械论理论，所以他也明白将早期物理学概念用于描述和解释意识是不适当的。作为一个生物学新手，他似乎对生命本身的研究很感兴趣。一旦转向生物学，而不是用机器概念模拟身体，费登奎斯就开始专注于主要的生物学概念，如生长、发育和进化。费登奎斯知道什么时候应该像物理学家一样思考，更重要的是，他懂得什么时候不应该使用物理学家的思维方式。

《费解与显然》与神经可塑性

在阅读《费解与显然》时，读者可以体会到与费登奎斯在一起的感觉。在费登奎斯的一系列话题里边总会闪现亮点［如他和人类学家玛格丽特·米德（Margaret Mead）的交流］、偶尔的自由联想，但他总能将话题绕回到"习惯"，即我们如何学习，如何学习得更好，或以更令人满意的方式完成动作。正是在《费解与显然》一书中，费登奎斯阐明了他对大脑可塑性的理解在多大程度上影响了他帮助他人的行为方式，同时也表明了他的方法所具有的坚实的科学基础。

费登奎斯可能在 1949 年之前就开始在他的方法体系中应用神经可塑性的原理了，他也在 1981 年出版的《费解与显然》中重新强调了这一点。因为在 1977 年，费登奎斯的学生艾琳·巴赫利塔（Eileen Bach-y-Rita）（后来成了费登奎斯方法工作者）把费登奎斯介绍给她的丈夫——医学博士保罗·巴赫利塔（Paul Bach-y-Rita）。保罗·巴赫利塔是一位神经病学家、康复专家、有影响的神经科学家，从事人类大脑可塑性研究且最有突破性的先驱者之一。早在 20 世纪 60 年代，他就已经在深入地研究这个问题，并证明了在人的一生中感官经验（sensory experience）可以重塑大脑，他还开发了一些可用于治疗脑损伤和失明的方法。事实上，在去世之前，巴赫利塔博士曾计划研究费登奎斯方法及它对头部损伤的影响——然而这项工作未能完成。

在《费解与显然》一书中，费登奎斯清楚地阐明了他对大脑可塑性的理解。他写道："心智逐渐发展，并开始为大脑的功能运作编码。我看待身与心的方式涉及一种微妙的方法，即人的整体结构'重新连接'，达到功能整合的状态，意即人们能够做个人想做的事情。每个人都可以选择以一种特殊的方式'重新连接'。"他大胆地断言："神经物质会自行"整理自己的经验；"在生命的任何时候，你都可以使自己'重新连接'……"费登奎斯认为，在人的一生中神经都具有可塑性。大脑根据经验改变自身结构，这再清楚不过了。

如果仅仅说费登奎斯是神经可塑性理论的"早期采用者"，那就太低估他的能力了。在 1981 年，仅有 100 多篇科学论文使用了"可塑性"一词来描述大脑，几乎没有人证明它的临床效用。但通过《费解与显然》，我们发现费登奎斯在之前 30 年已经在实践中开始应用"神经可塑性"这一理论了。

习惯与神经可塑性

生活经验——通过心智体验（包括感觉、思考、行动经验，甚至想象）——会使大脑重新接线。一起放电/动员/激活的神经元会连接在一起。例如，你看到一个戴着黄色帽子的人，你的负责处理这个人、帽子、黄色等信息的神经元就会同时激活并建立连接，形成回路，使大脑做出改变。如果你重复某种心智体验，这个回路中的神经元就会形成更紧密的连接，发出更快、更强的信号。与较少使用的回路相比，这个回路在大脑中开始具有竞争优势。

但是，变化可能向好，也可能向坏。而大脑结构变坏，并将它的缺陷暴露出来后，就不会像一个坏主意那么容易被改变。这是因为，习惯会改变大脑结构，出现问题的回路与其他回路相比仍有一定的竞争优势。因此，如果你养成了坏习惯，如通过滥用可卡因获得快感，那么这个回路在大脑（和它的奖赏系统）中就会建立较强的连接，会更快、更强有力、更有效地激活。

并非所有的"坏习惯"都始于不好的决定，如尝试可卡因，或许是由"我不会上瘾"的想法引发的。还有一些习惯一开始是"适宜的"，后来可能就变得不适宜了。《费解与显然》一书主要讨论的是第二类"坏习惯"。

费登奎斯举了一个学习阅读的例子。我们大多数人会通过大声朗读，即逐字发音的方式来学习阅读。我们通常会朗读简单的诗歌，而不是散文，因为诗歌通常有令人愉悦的韵律。想想这样的句子："杰克和吉尔，往山上爬呃！"（Jack and Jill / Went up the hill.）听这些声音会有愉悦感，也更容易记住韵脚，从而记住单词。但或早或晚，我们会被要求在阅读时不要发声。但是，大多数人仍然默读每个单词，并在脑海中"听到"它们的声音。我们看的书越多，默读的行为就越被强化，逐渐成为一种习惯。如果我们对声音很敏感，那么当我们看诗集时，这些内容会强化我们"读"的行为。这种默读的速度非常接近我们大声朗读文章的速度。然而，有速读能力的人要么从来没有养成默读的习惯，要么在后期改掉了默读的习惯，他们在看到单词后，不知怎么就知道了它们的意思。他们看书的速度比普通人要快得多。默读的习惯会使阅读速度变慢，这就是"一开始是适宜的，但在新的情况下就会变成束缚或浪费能量"的例子。

我把这称为"习惯－迁移（habit-transpositions）"。我们可以用一个短语来总结费登奎斯的概念：曾经适宜的习惯，会通过一个活动或一种动作（或行为），甚至精神活动，迁移成为另一个习惯。这都是在无意识中发生的，在生活中很常见。如果一个人总是习惯性地、懒散地坐在电脑前，那他走路时很可能也会驼背。

当然，"习惯－迁移"不仅影响姿势，它的影响还可以在多种不同活动中表现出来，甚至可以影响我们对身体的看法。对此，亚历山大（F. M. Alexander，费登奎斯也非常欣赏他的方法）做了一些有趣的观察。下面我就简单地介绍亚历山大的一些观点。当我们还是孩子的时候，我们经常被告知的是"坐下来（sit down）"，因此我们可能会有这样一种想法或思维习惯，那就是当我们接近椅子的时候，我们应该顺势沉坐下去。但是当我们相信椅子可以用来支撑身体时，我们应该做得更好，所以我们可以坐起来（sit up）（而非"坐下来"），给我们的心脏和内部器官提供空间。坐下这一行为涉及我们对"下（down）"的态度，我们在这里使用了"习惯－迁移"，并将其应用于"坐"这个动作。例如，在本书中，费登奎斯讨论了人们普遍认为的"语言仅仅是有声的思想"这一观点会造成各种各样的误解和困惑，因为我们习惯于认为二者是相似的——尽管在现实中，思考和说话之间有着深刻的区别。

费登奎斯的主要目标之一是帮助人们认识到应该何时以及如何进行"习惯－迁移"，这样人们就可以发现新的活动方式——不受前一个习惯、学习、冲动、态度影响的方式，或不使用非必要过度用力、不使用无用的"寄生动作"的方式。

费登奎斯对于习惯的研究之所以如此重要，原因之一是他提供了一种"打破习惯"的方法——这与行为心理学家提出的主流方法截然不同。主流的行为主义关注刺激和反应，而忽略了心智（或有意的觉察）在习惯的形成和改变中的作用。但，费登奎斯不是这样认为的。

主流的行为主义方法论者对心理或大脑发育在习惯形成中的作用不感兴趣，这是还原论者的方式，即从心理学中消除任何不容易测量的东西，比如心理状态（mental states），更关注可观察到的行为，以及相应的刺激和反应。这样一来，行为主义者就把心理和主观觉察从心理学中剔除了，尽管从定义上来讲，心理学的研究对象是心智之道（the logos of the psyche）。而且，行为主义者忽略了大脑。

虽然费登奎斯知道许多行为学家的发现都很有价值，但他认为忽略大脑或思想功能的做法是不可取的。费登奎斯从一开始就使用更全面的观点，而不是以还原论的观点来处理心理问题，他也从不试图在观察和研究领域消除明显的人文属性。

费登奎斯和行为学家的另一个关键区别在于他们的研究目标有所不同。最著名的行为学家之一约翰·沃森（John B. Watson）在其著作《行为主义》（Behaviorism）中自豪地指出："预测和控制人类活动是行为主义心理学的工作。"费登奎斯对控制他人的行为不关心，对预测他人的行为也不感兴趣。在《费解与显然》一书中，他写到了自由选择，以及自由选择从何处发生——思想（思考）。他的主题是当人们习得了有问题的动作或执行某种动作的方式时，不要去设置循环反复的刺激以改变坏习惯，而是要通过尝试随机做事——这些事具有"意料之外－不可预知－正向

（unforeseen-unpredictable-positive）"的影响——获得最好的结果。
我们在克服一个坏习惯时，不只是用一个更好的习惯来替代它（良好的行为方式有时是有效的，例如一个人采用跑步的方式休息，而非抽烟的方式），而且更能觉察我们所使用的新的方式让自己感觉更好、更轻松。这是一种通过内省和觉察自己行为的方式改变习惯的方法，从而增加行动自由，而不是采用控制行为的方式来改变习惯。

费登奎斯在这里做了一个重要的区分：大脑中有些部分是固有的、无法改变的（"硬连线"），有些则不是。

我们大脑中无法改变的部分涉及我们与生俱来的非条件反射。这些反射是我们祖先在不得不面对频繁发生的某些情况时形成的反应。例如，在面对危险动物时做出的战斗或逃跑反应，或在跌倒时迅速抓握物体并稳定身体的反应，或我们总能调整行为适应新事物的反应。这些反射在我们这个物种的每一个成员出生时就已被设定。这些反射在某种程度上类似于一种知识，这种知识会在物种的发展（种系发生）过程中代代相传。例如，即使没有经过任何训练，新生儿在坠落的时候也会反射性地改变身体姿势，以最安全的方式落地。反射本身蕴含了"跌落是危险的"这一知识。费登奎斯将这种天生的知识称为"遗传进化学习（inherited evolved learning）"。这种反射是相对固定的，它们在人与人之间几乎没有什么不同，在人的一生中也几乎不会变化。之所以说是"相对"的，是因为人们可以在一定程度上通过训练强化它们，并学会在特定的触发条件下抑制它们。

更有可塑性的、非先天固化的学习形式是每个人在生命历程中以他自己的方式习得的，这是"人各不同"的原因，毕竟我们每个人都有自己独特的人生经历。

费登奎斯也曾提到，智人"在出生时大量的神经组织并没有模式化，神经元之间也没有连接。每个人根据其出生的地域组织自己的大脑来适应自己周围的环境"[见《将身体意识作为治疗方法》(Body Awareness *as Healing Therapy*)，第 63 页]。他认为，这种发生在我们个体发展（个体发育）过程中的学习形式是可能存在的方式，因为大脑皮质有很多部分是非先天固化连接的。（我想说的是，不只是大脑皮质，大脑中还有更多的部分不是先天固化连接的。）

区分这些概念是非常重要的。在过去，有一些学派认为心智似乎是一张白板，是无限可塑的；还有一些学派认为大脑中的一切都是先天固化的，是不可塑的。虽然费登奎斯没有明确评判这些观点的是或非，但我认为他通过对这些论点的区分，能够发展出一种更复杂的方法来研究人类可塑性相关的问题，以及这种可塑性是如何影响我们的成长和习惯的。

《费解与显然》阐释了费登奎斯对神经系统的一些深层次的预设——我个人非常认同这些预设。他指出，他的方法是基于这样一个事实：神经系统的重要作用是在一个混乱的世界中建立秩序。我想说（虽然他没有这样讲过），这也意味着我们的神经系统具有可塑性的特征，它像肌肉一样，按照用进废退的原则运作，因此，它实际上需要处于混乱的世界中。在这样的环境中，它可以随机感觉、发展，这样它就可以学会完成自己的工作：使混乱变得有序，形成世界观、人体图（人躯体感觉拓扑图）以及动作和感知力。我们需要有新奇的体验，接触到不可预知的事件和动作，从而创建分化的大脑地图，之后，随着它们的进一步分化，来自发展的驱动力——基于生而有之的知识——使我们可以自发地获得新的能力。这正是费登奎斯所建议的，他还建议用这种方法来改掉坏习惯。

与使用标准的行为主义方法体系建立行为习惯和改变行为习惯的思路相比，我们再怎么强调费登奎斯在这方面的贡献也不为过。接受费登奎斯的见解并不意味着要抛弃行为主义的见解和方法，但费登奎斯确实帮助我们为行为主义的见解和方法的适用能力划定了界限，并给我们提供了更宽广的视角看待自我。

通过分析两种方法体系的第一原则，我们也许可以得出以下结论。行为主义方法的出发点是人类的"决定论、机械论"，它设想了去除坏习惯和自动化的最佳方法（这些感觉是无法控制的、强迫性的、机械的、坚定的和不自由的），但由于它预先设定了人对刺激做出合理反应、产生良好习惯的范围，因此，它的本质是机械论。它是在使用新的、更好的自动化来处理自动化的问题。

相反，通过强调我们具有自由选择和有意觉察的能力，费登奎斯试图利用"自由选择"来改变习惯。他试图完全摆脱自动化，通过发现其他的执行方法来增加放松、自发性、学习力、轻易性、成长性和活力。

未来，更为综合的心理学将帮助我们更好地知道什么时候使用经典的行为主义方法，什么时候使用更多基于觉察的方法。因为这两种方法都有效，但适用的情况各不相同。这一点尤为重要，因为当我们陷入习惯陷阱后，我们自己其实并没意识到，而且这种习惯是自动化的。出现这种情况，是由于我们具有机械性，还是因为我们经常处于恍惚状态，没有完全集中注意力？如果没有觉察，我们就会表现得像一台在该关机的时候而无法关机的机器一样。但我们并不是机器，没有机器知道或认为自己是机器。意识和自我觉察非常重要。现在，我们能否在这个"显而易见"的问题上达成一致呢？

——诺曼·道伊奇（Norman Doidge）

医学博士，加拿大多伦多，2018

参考文献

Doidge, N. *The Brain's Way of Healing: Remarkable Discoveries and Recoveries from the Frontiers of Neuroplasticity*. New York: Penguin Books, 2016.

Feldenkrais, M. *Body and Mature Behavior: A Study of Anxiety, Sex, Gravitation, and Learning*. (1949). Berkeley, CA: Frog, 2005.

自序

你对自己的姿势满意吗？你对自己的呼吸满意吗？你对自己的生活满意吗？我的意思是，你是否觉得已经尽己所能地发挥了天赋？你是否已经学会了做自己想做的事情以及知道如何去做了？你有慢性疼痛吗？你后悔没能做你想做的事吗？

我相信你内心深处的愿望并不是痴心妄想，我希望你能过上自己想要的生活。你的愿望之所以没有达成，最主要的障碍是无知——科学上的无知、个人的无知和文化的无知。你如果不知道自己实际上在做什么，就不可能做你想做的事情。

我花了将近40年的时间来学习和实践，首先是去了解我在做什么、我是如何做的，然后教别人学习"如何学习"，这样他们就能充分发挥自己的能力。我相信"认识自己"是一个人能为自己做的最重要的事情，怎么才能认识自己呢？要学会不做自己"应该"做的事，而是用自己的方式去做事。然而，我们很难区分自己"应该"做什么和想做什么。

每一代人中的大多数在成年后——当他们被认为是成人并感

觉自己是成人时——就会停止成长。在那之后，大多数人的学习
基本上都集中在社会层面的重要事情上，而个人的发展和成长则
变成偶然的或侥幸的。大多数情况下，人们学习某种专业都是出
于偶然，而不是基于个人天赋的持续发展和成长。只有具有艺术
倾向的人，比如工匠、音乐家、画家、雕塑家、演员、舞蹈家以
及一些科学家，除了社会和专业层面的成长之外，个人层面也在
持续成长。其他人则主要在社会和专业层面成长，他们在情感和
感觉上仍停留在青春期或婴儿期，因此他们的运动功能（motor
function）也受到抑制。他们的姿势越来越糟，很多动作或行为会
逐渐从自己的动作体系中消失。首先是跳跃，然后是翻滚，再之
后是扭转——不管顺序如何，短时间内都被逐渐淘汰或排除掉，
之后，他们就不大可能再做这些动作了。

　　从事艺术工作的人，在与艺术相伴的过程中，不断改善、分
化他们的运动技能，并使之多样化，直到老年。他们持续成长，
逐渐达到可以展现自己意图的境界。显然，各行各业都有艺术
家，但遗憾的是，普通人却很难达到这种境界。这本书可能会帮
助你走上一条更快乐的道路，比起你通常走的被别人设定好的光
明大道，这是一条属于你自己的路。本书无意纠正你。你我的困
扰是，我们总是试图以"正确"的方式行事，"就像我应该做的一
样"，但代价是我们在自己同意的情况下失去了自我。最后，我们
不知道自己想要什么，以至于认为我们正在做的就是我们真正想
要做的事情；更甚之，相对于我们真正想要做的事情，这种恼人
的现状似乎更有吸引力。一个显而易见的解决办法是，不要将注
意力放在我们做了什么上，而是放在我们如何做上。"如何做"是
个人化的标志，它主要探究的是行动过程。我们如果观察了自己

如何做，就有可能找到另一种做的方式，也就有了选择的自由。因为，如果没有替代的方式，就根本没有所谓的选择。我们可能会自欺欺人地说，我们选择了一种独特的做事方式，但是由于缺乏其他的方式，其实质就是强迫性的。

通过一本书或其他任何事物就知晓如何帮助自己，这不是一件容易的事。想法常常让人兴奋，但语言往往是交流想法的绊脚石。二者虽然有时是相同的，但语言表达不等于想法。不管怎样，我们试试也无妨。我喜欢你的陪伴，也希望你能来与我同行，并享受这段旅程。

这是我关于这个主题的第 4 本以英文写就的书。本书是应彼得·迈尔（Peter Mayer）的要求而写的，同时，也是为了回应我的学生们的要求，他们要求我把 4 年的暑期教学内容浓缩成一本书。他们经过 4 年的学习后毕业，并在旧金山成立了费登奎斯协会（Feldenkrais Guild）。本书的大部分内容在我以前的出版物中都不曾出现。材料是新的，作者却垂垂老矣。

摩谢·费登奎斯

特拉维夫纳赫曼尼大街 49 号

致读者

　　《费解与显然》一书的内容涉及我们日常生活中一些简单的、基本的观念，这些观念常常因为习惯而变得让人难以理解。对于事务或工作，"时间就是金钱"显然是一种良好的工作观念，但对于爱情秉持同样的观念则会导致巨大的不幸——这一点让人琢磨不透。我们经常犯错。我们会把参与某项活动时的心态带到另一项活动中去，却往往发现这样做并不是我们真正想要的。

　　浪漫显然是件好事。浪漫的爱情令人着迷，但如果一方觉得浪漫，而另一方则抱着金钱至上的态度，事情就不那么美好了。他们早晚会去看心理医生，或法庭上见。

　　当伴侣关系出现问题时，大都是由于他们不经意间把看似良好的思维习惯带到了不适用的地方。不知何故，我们总是认为好习惯总是好的。我们认为或感觉，我们不需要用其他不同的方式来做事。让人费解的是，好习惯也可能使我们不快乐，这是一个令人费解的事实。然而，习惯性地缺乏自由选择往往，不，通常是灾难性的。

如果你遇到一些事物，它们对你来说是新的，至少形式上是新的，请停下来，内观一下。新的选择可以帮助我们变得更强大、更聪明。编辑告诉我，我应该避免让读者思考、自省，我也相信她知道读者一般喜欢什么，但我自己也不喜欢吃别人咀嚼过的食物。读者朋友们，为了让你们更好地理解本书，我在大部分章节的开头和结尾分别加了简短的介绍和小结，这样就可以帮助你们把"费解"变得更加"显然"了。

目　录

第一章　导言

我因"功能整合"（Functional Integration）和"动中觉察"（Awareness Through Movement）方法的良好效果而闻名。通过这两种方法，我用我所学到的一切来改善找我寻求帮助的人们的健康、情绪，并帮助他们获得克服困难、缓解疼痛和消除焦虑的能力。

我 20 多岁的时候，有一次参加足球比赛，司职左后卫。在那次比赛中，我的左膝严重受伤，几个月都不能正常走路。在那个时候，膝关节手术不像今天这样简单。于是我开始探索使用自己的方式来恢复膝关节的功能，正是这次经历，我深刻体会到我自己有其他更紧迫的事情要做。毫无疑问，我们的知识在未来会不断增加。但是如果有好的理论，我们现在已有的很多知识都可以是有用的和适用的。

在本书中，为了让你了解我的方法，我尽量只写对你理解它们"是如何起作用的"有帮助的必要内容，特意避免回答为什么。我知道如何生活，如何用电，但如果要回答为什么活着，为什么有电，我就会感到非常困难。在人际交往中，"为什么"和"如何（事实）"并没有如此泾渭分明，很多时候甚至会被不加区分地使用。在科学上，我们真的只知道"如何（事实）"。

我出生在俄罗斯的小镇巴拉诺维茨（Baranovitz）。《贝尔福宣言》（*Balfour Declaration*）发表的时候（1917年）我才14岁，在那年，我独自一人去了当时英国托管的巴勒斯坦。在那里，我做了几年的拓荒者，主要从事体力劳动。23岁时我注册入学，主修数学，然后在测绘部门工作了5年，负责运用数学知识制作地图。攒足了钱之后，我远赴巴黎，在那里我拿到了机械和电力的工程学位，然后去巴黎索邦大学（Sorbonne University）攻读博士学位。在索邦大学时，我在约里奥–居里（Joliot-Curie）（就是那位后来获得了诺贝尔奖的约里奥–居里）的实验室工作。在那段时间，我遇到了柔道的创始人嘉纳教授（Professor Kano），并在他和他的学生、日本大使杉村阳太郎（Yotaro Sugimura）（六段）以及河石（Kawaishi）的帮助下获得了柔道黑带。我在法国成立了第一个柔道俱乐部，当时该俱乐部有近100万名会员。第二次世界大战德国入侵法国后，我逃到英国，战争结束前一直在英国海军部的反潜科研机构担任科学官员，我还参加了伦敦的武道会（Budokwai）。最后我回到以色列，成为以色列国防军电子部门的第一任主管。

在50岁左右的时候，我写了《身体与成熟行为：焦虑、性、重力与学习》一书，并由劳特利奇–凯根·保罗公司（Routledge and Kegan Paul）于1949年在英国首次出版。因为该书，很多人认为我有某种可以帮助他们的非凡能力。该书涉及我已经在实践过程中应用的当时最新的科学知识。现在，书中的很多知识与观点已经被世人普遍接受，比如我对焦虑和坠落，以及第 8 对脑神经的前庭神经部分的重要性的认识。为了帮助别人，我逐渐发展出了"动中觉察"和"功能整合"两种方法，并随后在十几个国家讲课。在帮助别人和教学的过程中，我有幸通过触碰和移动来观察很多人的头部。这些人来自不同的行业、种族，有不同的文化、宗教背景，年龄跨度也非常大，其中，最小的是出生时被产钳弄伤的 5 周大的婴儿，最大的是一位 97 岁的加拿大人，他 30 多年前因触电瘫痪了。我还帮助过很多不同工作领域的人。

上述这些细节并不重要，主要是为了说明学习主要和真正的目的是使行动更具有效性。尽管我有很多工作和旅行安排，但我仍然每个月学习、阅读和注释几本书。我可以向各位推荐一些作者，如雅克·莫诺（Jacques Monod）、薛定谔（Schrödinger）、J. Z. 杨（J. Z. Young）、康拉德·洛伦兹（Konrad Lorentz）和米尔顿·埃里克森（Milton Erickson），他们的作品是无价的。他们讨论哲学、语义学和进化论，他们展示了对身心世界（psychophysical world）的深刻认识，这些认识是有启发性的，也是有趣的。

我用手触碰了成千上万的人，包括不同人种和民族的人。通过对活生生的人体的触碰，以及对相关问题的处理或操作，我更深入地理解了这些伟大书籍中的内容，并将作者得出的科学结论付诸实践。也许这些作者并不知道，当我通过手的操作（即功能整合）或通过语言引导（即动中觉察）来帮助别人时，他们的知识是多么的有用。

我认为，而且我相信，相对于我们任何有意识的理解，感觉刺激（sensory stimuli）更接近我们的无意识、潜意识或自主功能运作。感觉层面的沟通与潜意识更接近，比语言层面的沟通更有效，曲解更少。正如有些人所说的那样，语言更多的是隐藏而非表达我们的意图。我从来没有遇到过一个人，甚至是动物，分不清触碰是带着善意还是邪念。在触碰过程中，如果触碰者有不友善的想法，往往会使被触碰者变得僵硬、焦虑，并预感可能的不测，并因此不愿再接受触碰。通过触碰，二者（触碰者和被触碰者）可以形成一个新的整体：当两个身体被双臂和双手连接时，二者就是一个新的实体。两个人的手在引导动作的同时也在感觉。无论是被触碰者还是触碰者，都能通过连接的手感受到双方所感受到的，即使他们不理解也不知道正在做什么。并不需要理智上的理解，被触碰的人会意识到触碰者感觉到的东西并做出改变，以符合他觉察到的对方想要的样子。在触碰时，我不向被触碰者谋求任何东西，无论他是否知道，我只感觉被触碰者的需要，在那一刻我能做的就是让他感觉更好。

理解我所说的"更好"和"更人性"是很重要的。不同的人对这些看似简单的词语有着不同的理解。身体残障的人不能做的事，对他和健康人而言有不同的意义。我记得曾有一位妈妈来找我帮助她 13 岁的儿子。这个男孩出生时右臂先出来，而不是像其他孩子那样头先出来，他运气不佳，一个没有经验的产科医生拉着他的胳膊把他带到了这个世界。因此，一出生他就右锁骨骨折。虽然对这个年龄的婴儿来讲，这并不是严重的损伤，但糟糕的是，医生拉扯男孩的胳膊时损伤了臂丛神经，导致手臂只能松弛无力地垂在那里。男孩的母亲带他去看了无数个可能会对他的病情有帮助的专家，仍无济于事。我随后会告诉你，这个男孩后来是怎样学会开车、怎样成为一个健康孩子的父亲、怎样成为一名力学教授的。

　　在接受我的功能整合课程的过程中，男孩泪流满面地告诉我一件你永远也猜不到的事——不管怎么说，我也很惊讶——他抱怨说，尽管他一再挑衅别人，但在学校里从来没有人打过他。因为老师和家长们都向同学们强调，不要伤害他，所以无论他做什么，同学们都不会碰他。他很痛苦，因为他从未享受过打闹的乐趣。现在，让我们想想，对这个男孩来说，"更好"和"更人性"意味着什么。他的母亲和其他人都不知道他需要什么。当我触碰他时，他感觉他和我是一体的，也感觉到我知道他是痛苦的，感觉到我没有怜悯他。正因为如此，他愿意告诉我他不会向其他人讲的话。这是一种非语言的情景，在这个过程中我没有问过任何问题。是什么事让他哭了出来，并跟我讲了他自己的经历呢？

　　有一个巴黎女孩，15岁，脑瘫。她的母亲是一所公立中学的校长，脱不开身，所以她的父亲和祖母带她到特拉维夫来寻求我的帮助。让我吃惊的是，她想成为一个舞蹈家。那时她的脚跟还不能着地，两膝也不能弯曲，每走一步，双膝就会碰在一起。如果你见过患有严重脑瘫的人，就可以想象她的手臂、脊柱的形态和步态。任何有点常识的人都会想："她怎么会有这样的想法，她难道没有意识到自己的身体情况吗？"而我的工作正好就是帮助她成为她想成为的人。她确实做到了，几年后她在巴黎参加了一个舞蹈班。请想一想，对这个女孩来说什么是"更好"和"更人性"。她是非常聪明的女孩，成绩在班里一直名列前茅，后来也顺利进入大学学习。我曾告诉自己，下次去巴黎时一定去看望她。

　　我希望你不要妄下结论，说我只关心残障人士。对我来说，他们都是来寻求帮助并希望变得"更好、更人性"的人。许多医生、演员、管弦乐指挥、运动员、工程师、精神病学家、建筑师、家庭主妇——我们所能想到的所有人，都认为变得"更好、更人性"是非常美好的事。

事实上，如果聪明的普通人有更多的智慧，我会为他们付出所有的注意力。他们的成长将改变整个生活。我在使用自己的方法帮助他人的过程中接触到了很多非凡的人，他们也是成功地融入社会的人，例如学识渊博的 J. D. 伯纳尔（J. D. Bernal）教授、医学教授博伊德·奥尔勋爵（Lord Boyd Orr，世界卫生组织首任主席）、魏茨曼科学研究所（Director of the Weizmann Institute）所长亚伦·卡齐尔（Aharon Katzir）教授，还有以色列第一任总理大卫·本-古里安（David Ben-Gurion）。当时的英国文化协会（British Council）秘书 J. G. 克劳瑟（J. G. Crowther）听到伯纳尔称赞我的工作后说道："他是个难得一遇的人，世界上恐怕只有 3 个人有他这样的大脑。"事实证明，在社会上获得成功、非常聪明、非常重要、有创造力的人，可能不会花时间在他们的个人成长上。他们的生活和工作是不分家的，他们经常忽视自己。只有因某些特殊原因而不能正常活动时，他们才会认真地听我讲几句。尽管如此，我已经接触了成千上万个有这样或那样问题的人。有意思的是，我不得不承认，我帮助正常人的能力是通过帮助残障人士获得的——当然，这只是概略的情形，并非总是如此。

我认为，与你们分享我的一些想法和经历是非常重要的，这会帮助你们理解我的方法，并且这些方法可以帮助你们改善自己的生活，就像它们对我的帮助一样。通过学习，你可以让自己的生活如同你所希望的那样；你的梦想也会变得更明晰，甚至可能成真。

当我写作时，我只觉察到我身体的一些部位和我的某些活动。当你阅读时，你同样只觉察到你自己的某些部位和某些活动。在我写、你读的过程中，我们进行了大量的活动，但我们只能觉察到一小部分。这种活动与我们从出生到现在所学的东西有关。我们的行为在很大程度上取决于遗传和我们的生活经历、自我意象，以及我们成长与生存的物理、文化和社会环境。让我写作、让你阅读的内在活动大部分都是自发的，其中有些可以说是无意识的，而另一些是有意识的。在我写作时，有意识的活动似乎是唯一与我有关的。我只是偶尔需要注意一下我的拼写或单词的顺序。我觉得我的用词能够表达我的思想，同义词也会有不同的意义，我尽量选择能更清楚地表达我的思想的那个单词。但是，我不确定我选择的词对你来说是否合适，例如，你对"自主 / 自动的（autonomous）""无意识的（unconscious）"或"有意识的（conscious）"的理解，可能与我的理解并不相同。

多年来，我一直全力帮助来向我寻求帮助的人。一些人抱怨身体上的疼痛，另一些人抱怨精神上的痛苦，也有少数人说过情感上的烦恼。我很难向我的追随者解释"我其实不是一个治疗师"，我也很难跟他们解释"尽管别人通过我的触碰得到了帮助，但我用手触碰别人其实没有治疗或疗愈的价值"。我认为在他们身上起作用的是"学习"，但很少有人同意这一点。我所做的并不是目前大多数人所理解的教学。我的重点是学习过程，而不是教学技巧。每次课后，我的学生都有一种新的幸福感——他们觉得自己变得更高、更轻，呼吸也更自由。他们通常会在课后揉揉眼睛，好像刚从酣睡中醒来。他们经常说他们变得放松了；疼痛总是会减轻，而且常常会完全消失；此外，脸上的皱纹几乎都会变浅，眼睛变得更明亮、更大，声音变得更深沉、更洪亮。他们似乎变得年轻了！

仅仅是触碰身体，怎么可能引起这种情绪和态度的变化呢？我的学生试图使我相信我有疗愈的能力。在以色列、美国和其他地方，我都会教我的学生做我所做的事情，所以他们现在都有了"疗愈之手"。这些学生之所以参加我的课程，是因为他们所受的学校教育、他们的学习愿望和学习能力，除此之外我没有对他们进行额外的、特殊的选拔。一开始，为了向我的学生解释我和我的个案之间发生了什么——为了不让你们感到困惑，我不情愿地用了"个案"这个词，尽管来寻求帮助的人和我确实像在进行一对一教学——我给他们讲了下面这个故事。

一个从不跳舞的男士出于他自己才最清楚的原因，参加了一个舞会。一开始，他总是拒绝所有的邀请，说他不会跳舞。然而，有一位女士非常喜欢这个男士，并说服他走进舞池。这位女士带着他跳起了舞。舞步不是很复杂，在出现了几次尴尬的情形后，他发现背景音乐与舞步是有关联的，他也意识到女士的动作是有节奏的。然而，当舞步停止，他可以回到座位上再次正常呼吸时，他才松了一口气。舞会结束时，他发现他已经可以更轻松地跟上她的动作和步伐，甚至可以避免踩到她的脚。他想了一下，尽管他知道自己仍然不会跳舞，但他发现自己也许并不像表现的那么糟糕。

在参加第二次舞会后，他取得了很大的进步，从而动摇了他认为自己不适合跳舞的想法。在接下来的舞会上，当发现某位女士独自坐着时，他都会主动请她跳舞，并仍然坚持说自己跳得不好。再后来，当他再去参加舞会，就不会在起舞前先向对方表明自己"跳得不好"了。

想想那个会跳舞的女人，她没有教舞伴音乐节奏、舞步或其他东西，但却教会了他如何跳舞。她利用自己友好的态度和经验，帮助她的舞伴在非正式教学中学习舞步。我们不需要"疗愈之手"就可以把知识从一个人传递给另一个人。然而，这个人必须在学跳舞之前知道如何使用他的腿、手和身体的其他部位，之后，在这种善意的触碰过程中，他就可以使用自己已有的经验轻易地学会跳舞了。尽管他不知道自己的潜在能力，但他还是学会了。

我说我和其他人"一起工作"，其实是说我和他们"共舞"。我会引导他们进入一种状态，在这种状态下，他们不用我教就能学会做事——就像上文那位女士教会了别人跳舞一样。稍后我们将更清楚地认识到，我们做了很多事情，却没有意识到自己是怎么做的。我们说话，却不知道是如何做说话这个动作的；我们吞咽，但并不知道我们是如何做吞咽这个动作的。你可以试着向火星人解释我们如何做吞咽的动作，你就会明白我所说的"知道"是什么意思。

一些非常常见的行为，比如坐下或从椅子上起身，似乎更容易"知道"。但是，你真的确定我们从椅子上起身时在做什么吗？我们身体的哪些部位首先启动动作？是骨盆、腿，还是头？我们是先收缩腹部肌肉还是先收缩背部肌肉？只要想做，我们就可以做出这个动作，但并不知道是如何做的。你认为我们真的不需要确切地知道吗？假设有人因为某种原因不能从椅子上起身（有很多原因），他来向你寻求帮助，你可以给他演示你是如何起身的，但他能了解的也就这么多。所以，你可以做到，但却无法解释你是如何做到的。假设你需要解释，好让我们在不知道如何做某件事的情况下，仍能做得像我们有潜在能力所做的一样，你要怎么解释呢？

当然，我们做的大多数简单的动作都足以满足我们的需要。即便如此，我们每个人都觉得有些行动并没有我们希望的那么好，对此，我们的处理方式是"做让自己满意的事情，避开让自己觉得笨拙的行动"。我们认为，那些让我们自己感觉到笨拙的行动是与我们的个人特质不相符的、无趣的，并且我们通常有更重要的事情要做。

我小时候不画画，因为学校里没有绘画课。那时每个人都要为积极的、有益于社会的生活做准备。当我出版《身体与成熟行为：焦虑、性、重力与学习》这本书时，我没有意识到我已经改变了自己未来的人生方向。一天早晨，伦敦的一位医生打电话给我，说他读过我的书，问我什么时候跟海因里希·雅各比（Heinrich Jacoby）学习过。他在我的书中发现了这位伟大的老师曾教给他的一些东西。他很难相信这是我第一次听到这个名字，于是，他说可以安排我和海因里希·雅各比见面，他认为这对双方都会有好处。那时，海因里希·雅各比住在苏黎世，年龄比我大，资历更比我深；当了解到我自认为由我个人发现的东西是他多年来一直向门徒传授的东西时，我更清楚地认识到了他的实力。他的门徒中有一些杰出的科学家、医生、艺术家等。

我当时是一名物理学研究人员。几个月后，我利用年假离开实验室，在雅各比安排的时间拜访了他。在那3个星期里，我们经常交流到第二天太阳升起才去睡觉。我很想告诉你我和他在一起发生的事、我们之间的谈话，以及相互之间的学习。如果我把我学到的所有重要的东西以及他说他从我这里学到的东西都写下来的话，那么这本书的内容就太多了。所以，我只告诉你他指导我绘画时的难忘经历，因为这次经历与我一直在讲的"学习"有关。

我曾是一名颇有名气、体格健壮的运动员。雅各比是一个矮小、瘦弱的人。他告诉我，他在7岁的时候才学会走路。他看上去有些驼背，但动作很优雅。尽管我确信自己拜访他是对的，但在我的潜意识里，他给我的第一印象是"他不是我的对手"。

几分钟后，他给了我一张画纸、一块木炭和一块作为橡皮擦的软面包，并说他的摄像机正在对我进行摄录。然后他让我尽我所能地画出面前钢琴上的灯。我告诉他，在索邦大学读物理之前，除了为获得工程学位必须画的技术图纸外，我从来没有画过任何东西；并告诉他我曾在约里奥－居里实验室工作，拿到了博士学位云云。他说他知道这些，但我应该尝试一下，因为除了看我画画之外，他还有别的想法。我画了一个垂直的圆柱，在上端有一个切去顶部的圆锥，在底部有一个椭圆作为底座支架。在我看来，这就是我能画出来的最好的台灯。他看着这幅画，说这是我想象中的台灯，而不是眼前的台灯，然后我意识到我画的是"台灯"这个词的抽象概念。尽管我理解他在说什么，但我仍觉得只有画家才能按他的要求来画，而我——就像一开始就告诉他的那样——并不是一个画家。

他坚持要我再试一次，让我画出来"我看到的，而不是我以为我看到的"台灯。我不知道一个人如何画出他所看到的。我认为，他在像要求画家一样要求我，而我不是画家——也许你也是这么想的。"告诉我，你看到了什么？""一盏台灯。"我说。"你看到你画的那些轮廓了吗？"我不得不承认，我画中的线并不是眼前的台灯上的线，我的画只是在比例上或多或少地与眼前的台灯相似而已。"你看到线了吗？"我不得不再次承认，我的画作上没有一条线是我实际看到的。"如果你实际上并没有看到这些线，那么在观察这个台灯时，你看到了什么？从整体上，你的双眼看到了什么？你看到了光。那么你为什么不画出你看到的更亮和更暗的斑块呢？你手里拿着木炭，如果涂得太多，你可以用面包擦去多余的部分。这样你就可以让斑块的颜色有层次感，你画出来的台灯就会更像你看到的台灯了。"

我又拿了一张纸，这一次，我在光线弱的地方画上了黑色斑块，然后我突然意识到，纸上没有用木炭涂过的地方是更亮的地方。灯架不是圆柱，上面的灯罩不是截去顶部的圆锥，底座也不是椭圆。当我看着这堆斑块和用我的手指揉捏的面包涂掉的部分时，我有一种不寻常的感觉。我感觉这样的画不是我能画得出来的，而是真正的画家才能画得出来的。我以前甚至没有试着这么想过，因为对我来说，这就像是欺骗，假装我是另外一个人。

我想，你可能已经理解了发生在我身上的不寻常的转变。我不是画家，但谁是呢？当我像画家那样作画时，我所做的正是画家才能做的事。我被改变了吗？我失去自我了吗？在那一刻，我并没有这样想。我在这个过程中发生的变化，是在雅各比的追问下达成的。但在这个过程中，他没有教我怎么做。还记得那个"学习"跳舞的人吗？这是两种不同的学习过程，你能看出有什么共同之处吗？我能。

当我告别雅各比回到自己的房间时，我看见桌子上有一个盛了半瓶水的玻璃瓶。我感到了一种内心的冲动——不，是一种内心的信念，它驱动我把那个瓶子画在纸上。我孩子气地想，我可以让雅各比知道，我并不像他所认为的那样无能。我根本没有画任何线条，而是用了一些小的勾勒，其余的都是或亮或暗的斑点。完工后，你可以看到水面，尽管水面和玻璃都是透明的，但它们上面的光却截然不同。我觉得我完成了一幅大师之作，我甚至都觉得自己高大了许多。

事实上，画家的能力是没有止境的。限于篇幅，我就不再详述在与雅各比"共舞"的那几周中，我是如何成为一个真正的画家的了——虽然他从不教我如何画画。他半开玩笑地问我："你为什么在画画时不遵循自己的教学方法呢？"

第二章　有机体

　　一些普遍存在的因素影响着生命的存在，它们与20亿年前第一个活细胞的形成有关。第一个活细胞需要免于辐射对它的影响，辐射造就了它，也很容易杀死它。一直以来，形状、表面张力、表面容积比、地心引力、内部过程、外部变化和影响都像今天十分活跃。就像起源时一样，活细胞和任何生物的躯壳，一直都是生命体内在和外在之间的媒介。我们在这里要讨论一些相关的因素。

　　正如神经元的集合不一定会是大脑一样，细胞的集合也不一定会形成组织。同样，一堆砖块不是建筑物；字典里所有的条目都只是单词，一些词按规律组合在一起才是句子。在更高层次上，一些相同的粒子或单元共同起作用。这个层次所表现出来的新特质/性质是单个粒子或单元都没有的。当这些单位参与一个共同的活动或经历相同的压力时，才会达到这个更高的层次。单一细胞的集合体可能会变成一个肝脏；一些砖块放在一起作为承重结构时，就可以构成建筑。哺乳动物的细胞以群组的形式联结在一起，就形成器官；器官组成比器官层次更高的有机体。

细菌、藻类和其他所有生物都有三种共同的活动：①自我复制（self-reproduction）；②自我维持（self-maintenance）；③自我保护（self-preservation）。到目前为止，自我复制在时间上是最不重要的，呼吸、饮水和进食对生命而言更为重要，而缺乏自我保护的能力则可能意味着在不到一秒的时间内丧失生命。

这三种活动在植物和动物中都可以观察到，不同之处在于植物生命的上述三种活动是被动的。如果没有风、雨、昆虫、动物毛皮以及其他载体和活跃因素的影响，植物就会停止自我复制，从地球上消失。此外，所有动物都通过自我驱动（self-propulsion）——也就是自我引导（self-direction）——来积极地维持上述三个基本活动。基于此，我们认为"进行活动是动物生命最重要的迹象"。

第一个形成膜结构并把自己与外在世界分隔开来的物质，就具有了外形或形状，从而形成了第一个独立的个体。这个由膜包裹的小宇宙确保了物质的进一步摄入，为自我驱动提供能量；也确保了向外界排放无用物质，以及清除新陈代谢的毒素和死去的粒子。任何生物都有其与外界分隔的边界。边界内的内容具有结构，其功能是保证个体的自我驱动，即活动。当功能停止时，只剩下形式和结构，个体便死亡了。活动的停止就是生命本身的结束。

生命从一开始就很复杂，而且还有向更复杂的方向演化的倾向，这似乎是生命延续至关重要的一个特质。每一种动物都有自我驱动的方法，这是维持生命所必需的三种基本特征所必需的。

这其中就包含了"复杂性"。结构和功能是相互依存的，二者都与环境密切相关。没有适当波长的光，就无法用眼睛"看见"，因为人类的视觉光谱是有一定范围的。此外，光的强度会变化，物体有大有小，有远有近。这些因素，再加上分辨各种结构和颜色细微差异的能力，稍稍说明了视觉形成及眼睛形状的复杂性。

动物在胚胎期就有了生命，之后从母体脱离进入外部世界。在胚胎时期，它的结构以未成熟的方式在比外界更简单、变化更少的环境中发挥功能。很明显，只有某种形式的有序发育才能使两个生殖细胞发育成哺乳动物（当然包括人类了）。在这里，人们很容易想到"控制"这个词，"控制"可以确保结构、形状的有序发展，并使功能逐步完善。物种和特殊结构复杂性逐渐增加会形成对有机体必要的控制。神经组织及其突触、树突和各种各样的中继站都是为"控制"这个目的服务的，但"控制"就是"目的"吗？

只有在存在一种"倾向性／有优先性的功能模式"时，生物学和控制论中的控制才有必要。在动物中，具有某种倾向性／有优先性的状态或模式就是最佳状态。任何偏离最佳状态的地方都会被纠正。由于在细胞、循环、结构和功能等各个层次上都有成千上万的偏差，所以客观上存在"控制的层级结构／组织"。

在讨论时，我们必须把"控制和层级"从情绪中剥离出来。人踩在香蕉皮上有可能会滑倒，大脑对有意行为和动作的高级控制的反应速度太慢，对防止跌倒起不到作用。这时，它会自动停止工作，让一些较古老的部分接管。更原始的、从进化意义上讲更古老的部分运作速度更快，通信线路更短。个体能否生存，不在于控制和层级，而在于控制系统内部各组成部分的有序合作。

层级与控制、形成层级与控制的神经组织的成长，以及整个有机体（包括骨骼、肌肉、内脏）的成长，都涉及有机体对环境的反应，对环境的适应，以及对环境的控制。为了在成长的同时获得最佳的功能，有机体必须不断地改变。在没有任何明确目的的情况下，这个复杂过程会处理所出现的误差，并持续下去。这是一个学习的过程，与学校里的正规学术教育截然不同：它主要关注的是"如何做"，而不是"做什么"。对这些问题进行详细的探讨是必要的。

此外，这个过程是如此复杂，以至于注定无法完成。在一般情况下，很难找到最优的结构、形式和功能。动作的功能紊乱、退化和不完全发展都是可以预见的情形。基于这种普遍性的情况，个体本身可能无法实现最佳的发展，但却有可能在别人的帮助下实现。

由天文数字的细胞（3×10^{10}）组成的神经系统可以适应各种各样的身体世界，并在其中生活和发挥功能。宇航员的经历表明，我们的神经系统能够经受住缺乏引力以及缺乏视觉和听觉刺激的考验，只要活动的信号发生得足够密集，可以让系统运作，就足以启动任何活动。我相信，我们的神经系统在上千种不同的世界里都能良好运作。只要在能够生存下去的地方，它就可以成长，也可以适应和运作。事实上，我们的神经系统是先天设定的，可以处理地球上存在的几千种语言（包括方言）中的任何一种。

我们对自己太熟悉了，以至于没有意识到上述情况。我们所说的"神经系统功能"是什么意思？神经突触和神经细胞有什么特别之处，以至于被每一个生命需要，并以原始或复杂的形式存在于这些生命中？它们是使生命成为可能的必要条件吗？

除了少数一些事情，如白天、夜晚和月相，宇宙（cosmos，在希腊语中的意思是"秩序"）并不是井然有序的。我不确定简单的神经系统是否能够觉察到这些位相的秩序。陨石似乎以极其随机和无序的方式坠落，恒星的形成和分解看上去也不符合秩序的概念。在微观世界，也有同样的随机性和无序性。没有人能预测镭或任何其他放射性物质的哪个原子会分裂。在物质世界的任何领域，无论是气体、液体，还是我们可以选择的任何东西（包括任何一个分子或原子），没有什么是可以预测的、有序的、稳定的和不变的。风、太阳、地震或台风，都不是以有秩序的方式存在。

神经系统的构成的确需要秩序，它会在秩序存在的时间和地点找到秩序，在秩序不存在的地方创造秩序。只有非常复杂的神经系统（像很多生物那样包含了很多不同的单位）才需要一致、稳定的环境。原始神经系统不会支配人打网球，也不能让猴子在间隔约 10 米远的树枝间荡来荡去。原始神经系统反应比较慢，不太依赖于组织稳定不变的关系。所有的生物幼年时都比它们的成年状态更小、更弱，它们成熟的时间有些比较短，有些则比较长。弱小的生物体多少都需要一个稳定的环境，这样它们才能学习并成长为强大的生物体。生物体本身就是一个由微小生物构成的世界，如果它想存在，就需要恒定、秩序、不变性和内稳态。

人们常说，只有大脑才能思考、抽象、梦想、记忆等。外部刺激通过感官到达神经系统，神经系统则在随机的、不断变化的刺激中找到秩序。此外，因为有生命的个体在持续活动，所以神经系统需要条理化（整理）这个活动的世界以及个体自身，从而应对这种混乱。

如果没有什么东西会重复，我们如何学习呢？要实现这一艰巨的任务，最意想不到的方式就是"动作"。在变化、运动的环境中，有机体的动作是形成静态的重复事件不可或缺的因素。因为一个活的有机体会不断移动，并且在它真正死亡之前不会完全静止，所以在看到死亡的物质和静止的植物时，生物体的感官仍然能感知移动的印象。

海因茨·冯·福斯特（Heinz Von Foerster）是伊利诺伊大学生物计算机实验室的教授，他和我持有相似的观点，他在旧金山给我和我的学生讲了一个故事：亨利·庞加莱（Henri Poincaré）在1887年发表了一篇论文，论文中指出，三维空间的影像在视网膜上只有两个维度，并且视网膜上的影像与空间上的物体不一样。实际上感觉影响肌肉以聚焦和调节双眼，使我们可以觉察到第三维度。对方向的觉察涉及头部的动作。

头部的动作需要眼睛的调节。当头和眼睛固定的时候，我们是看不出三维图像的。在那之后，我读了庞加莱的《科学与假设》（*Science and Hypothesis*），这本书由多佛（Dover）公司以英文出版。他指出，我们对空间的感觉以及我们选择欧几里得几何的原因均涉及动作。这本书很精彩，具有原创且新颖的观点，展现了大量天才思维，时至今日仍值得一读。

我不禁想起另一件体现庞加莱智慧的事。在那个年代，大多数关于大脑生理学的工作包括：切除一块大脑，之后观察哪些功能受影响，从而对大脑某个部位的功能进行定位。庞加莱认为这个方法不够科学，他怀疑这个结论。他的论点是，当一个人失去右眼时，他的双眼三维视觉就会受到影响，但如果由此断定三维功能位于右眼，那就错了。

瑞士有一位滑雪教练，如果我没记错的话，他的名字叫科勒，他说服他的一些学生和他一起参加了一个实验。他感兴趣的是，如果我们的大脑看到的是投射到视网膜上的外部世界，而不是原来的样子，会发生什么。众所周知，眼睛的晶状体和其他晶状体一样，会把视网膜上的图像倒转过来。直立的人的头在视网膜的底部，脚在视网膜顶部。

科勒给所有实验对象戴上一副眼镜，将图像在视网膜上倒转过来。首先，不出所料，实验对象看到的一切都是颠倒的。最初的几个小时非常艰难，他们不能自由地移动或做任何事情，除非放慢速度并努力理解他们所看到的景象。然后，意想不到的事情发生了：实验对象开始发现身体上的东西和身体附近的东西看起来和以前一样，但是没有被碰过的东西看起来还是颠倒着的。渐渐地，当他们四处走动以满足正常需求后，远处的物体也开始看起来变得正常。在整个实验过程中，他们一直都戴着那副眼镜。几个星期后，一切看起来都正常了，他们可以做任何事情，不需要任何特别的关心和照顾。最后，开始下雪了，科勒先生透过窗户看到雪花从下向上升起。他走出去，伸出双手，感觉到雪花落在手上。然后他把手心转向上，当然，雪落在他的手心。试了几次后，他就看到雪在向下落，而不再是向上飘了。

另外一些实验中也用到了反转影像的眼镜。其中美国人进行的一项实验是这样的：两个人都戴着特殊的眼镜，一个坐在轮椅上，另一个推着这个轮椅。那个负责推着轮椅四处走动的人在几个小时后就可以看到正常的影像，而那个坐在轮椅上的人则仍把东西看成是上下颠倒的。

　　婴儿刚出生就能以我们成人的方式看这个世界吗？抑或是他必须通过触碰才能解释他接收到的景象，从而确定它是否与自己的感觉（即他的触觉）一样？我推断，动作对于个体客观世界的形成起着重要的作用。如果我的推断不是完全错误的话，那么动作对于所有生物来说都是必要的，生物据此形成自己客观的外部世界，甚至可能还包括客观的内部世界。

　　我们很少停下来问自己：我们是否只是遗传密码（DNA）程序的成人版本——受精卵是这个过程的开始？DNA会从多种可能的选择中挑选符合其自身的变化。我们知道，如果携带基因密码的生物体不成长，这个过程就无法实现。如果没有观察或见证者（至少一个）——即给予生物体生命的事物，生命的诞生与成长就不会发生。然而，到目前为止，在地心引力场之外还没有发现活的生物体。综上所述，一个遗传程序被整合至某个生物体中，生物体在包括了不可或缺的地心引力和见证者的环境中从单个细胞开始成长。想象一下，为了形成可以成长和发育成熟的生物体，仅上述因素中的某些因素单独存在是不可能实现的。

　　所有哺乳动物都有自己的外形、骨骼、肌肉和神经系统，它们都是由亲本孕育。人类往往一出生即在一种文化中，一个位于地球某处的人类社会。地球上有地心引力，且引力是不间断的，也是不能被屏蔽的，它是永恒存在的，且每一个地方都存在。虽然骨骼是有生命的物质，因为它们可以生长，受伤后可以再生，但相对来说，它们是惰性物质。没有肌肉施加的拉力，它们就不能改变自己的形状、位置或形态。骨骼肌有大有小，也分横纹肌和平滑肌。肌肉只能收缩和停止收缩，在停止收缩时它们就恢复了最初的长度，为下一次收缩做准备。如果没有神经系统发出的使肌肉收缩的冲动，肌肉就不会收缩。当然，也不全是如此，因为在胚胎发育的早期阶段，在任何神经到达心脏之前的很长一段时间，心肌实际上是以一种特殊的节律收缩的，这种节律通常比成人的要快得多。显然，还有另一种机制可以使肌肉收缩。

肌肉纤维主要有两种：白肌纤维和红肌纤维。它们不仅在颜色上不同，而且在维持收缩的时间和速度上也不同。肌肉收缩和放松，可以屈曲和伸展关节，这两种活动是相反的。不用说，对于成人来说，肌肉本身在收缩或停止收缩方面没有发言权——这里的停止收缩当然指的就是放松。成人的肌肉本身没有决定自己收缩还是停止收缩（即放松）的权利。

神经系统会发送冲动来动员肌肉，所有动作都是由神经冲动引发的。神经系统的结构非常复杂，它可以引发许多不同模式的肌肉活动，如膝跳反射、震颤、阵挛到平顺的有意识动作。骨骼的位置或姿势的每一种变化都是由发送到肌肉的特定神经冲动模式引发的。神经冲动到达不同肌肉的时间、肌肉的收缩量都是由特定的机制决定的。基于此，骨骼就能执行细腻、精巧、强烈、有变化的，以及其他不同的运动。动作发生在空间中，也发生在特定的时间。动作不但发生在特定的时空之中，还发生在特定的社会环境之中，除此之外，很少有其他情形。动作使生物体改变位置。我们所称的生物体包括骨骼、肌肉、神经系统，以及使生物体得到滋养、温暖、动员等的所有物质。

动作使生物体产生位移，为不同的活动改变姿势或位置；生物体的活动又反过来影响各种不同的环境，使环境为其提供必需品。因此，环境和生物体都在不断地变化，只要生物体有生命，就不会停止这种相互作用。不同的环境影响着生物体，生物体通

过自身的变化对环境做出有效的反应。于是，我们有了一个由
4部分（骨骼、肌肉、神经系统、环境）组成的闭环。这4部分
从人类出生到死亡都是相互作用的，在整个循环中存在反馈和前
馈机制。刚出生时，生物体与环境的联系基本上是被动的；渐渐
地，这种被动程度越来越低，主动程度越来越高。

如果没有地球引力，整个体系就会完全不同。在这种情况
下，肌肉是多余的，骨架会完全不同，任何动物都没有自己的姿
势特征，整个能量系统也将完全不同，骨骼也不需要承受压缩
力，动作的速率会完全改变。事实上，我们完全想象不出到底是
什么情形。动作是生命存在的最佳提示。人类在会说话之后，就
根据生物在引力场中的活动把它们分类。只能被动地随着水或空
气的流动从一边移动到另一边的生物是植物，它们的生长大都是
垂直向上的。光线会影响植物生长的方向。动物可以以不同的方
式移动自己，根据移动的方式，人类也给它们命名归类：游动的
是鱼，会飞的是鸟，滑行的是蛇，蠕动的是虫子。有一些动物会
跳跃、爬行、攀登、四足行走，而人类会直立行走。人类自从有
记忆以来，似乎就全神贯注于动作。

既然动作对任何活细胞或构成活的有机体的细胞组而言是如
此重要，那它当然不应该是偶发事件。大多数生物——包括骨
骼、肌肉和神经系统——在环境中专注于动作，这是非常复杂
的，所以大多数生物，甚至可以说几乎所有生物，无论是鱼、
鸟、猿还是人，都需要一些个体的学徒式训练。学徒期从几秒
钟、几分钟到几年不等。有些群居动物，尤其是牛、马、斑马，
以及它们的同类，似乎能在出生后立即跟随同类群体活动。小
牛落地后（小长颈鹿会从很高的高处掉下来），在脐带被咬断、

全身被舔舐后，学习一两次就可以四肢站立。再进行两三次尝试后，小牛则可以在平地、坡地、沙地、砾石地、湿滑的草地上跟随牛群活动。小牛不仅可以做一切必要的事情来继续跟随牛群活动，而且在滑倒或被绊倒后，也能再站立起来。试想一下，这需要何等的复杂性和精巧度，才能制造出有类似效率的物体。当你能够意识到这一点时，你就会明白，"在没有经验，并且学徒期极短的情况下，能够获得这种动作技能，得具有多么超凡的能力"。

夏蒙尼羊（Chamonix）或其他山羊的孩子会出生在高高的岩石上。小山羊们自己站起来后，就不得不在边缘尖锐的山石之间跳跃，而在这之前它们并没有明显的学徒式训练的经历。显然，这些动物的神经系统的所有连接都必须在它们出生之前就设定好。简而言之，是物种自身传递了学习经验、进化优点、反射性动作和其他本能，使它们能够在危险的环境中生存。然而，大多数鸟类、犬类，以及各种各样的猫科动物，包括小老虎，都必须接受父母的某种训练，才能完成某种神经系统连接，建立起它们神经系统的一些功能模式。几个星期的学徒式训练之后，它们所建立起来的神经系统功能模式才会变得可靠、自主。

我们在观察不同的物种时会发现，物种在进化阶梯上的位置越低，在出生时其神经系统的连接就越完整。突触、神经元或其他已有连接的见习期越短，此物种在进化阶梯上的位置就越低。在人类身上，我们看到了这一过程的另一种情况。据我所知，人类婴儿是所有物种中学徒期最长的。尽管维持生命和生长所必需的一切神经连接在出生时就已经在神经系统和腺体中建立起来了，但人类的某些特定功能却根本没有完善起来。没有一个婴儿出生时能说话、唱歌、吹口哨、爬行、直立行走、演奏音乐、数数或计算，能说出白天或黑夜的时间，或知道什么是迟到。如果没有一个持续数年的学徒期，这些功能都不会显现出来。就这些特定的人类功能或活动而言，神经结构中的连接或连线在母体子宫中就已经做好了准备，但相较于成人，这些功能可以说是不存在的。

个人经验或学徒期是必要的，没有它，婴儿不能成长为真正的"人类"。人类这个物种好像完全没有任何"遗传性的学习"。低等动物有"种系学习"（phylogenetic learning），或它所属物种的"遗传进化学习"。高等动物通过自己的个体经验（ontogenetic experience）来学习。这里所谓的"低等"和"高等"指的是复杂性，它是人类用自己的方式构建的进化阶梯，除此之外没有任何意义。几乎所有的低等动物都能做高等动物学习之后才会做的某些事情，这些事情是高等动物通过长时间的学习才能做到的——高等动物需要模仿，通常还得使用各种各样的辅助工具或结构。在这里，我还要重申一下，只有神经组织和系统才有能力去构想、执行或实现。

重复的倾向最终导致重复的一致性和秩序。大多数事情都是偶然发生的，而且是如此无序，以至于大多数事情都是不可预测的。我们认识自然法则的方式是"挑出那些我们无法改变的部分，或我们认为有序的部分"。通过引入宇宙万有引力的概念，牛顿在物体无序的掉落中找到了秩序。在自身的功能运作过程中，神经物质会建立秩序，也会为环境创建秩序，而环境反过来也会促进神经功能秩序的改善。神经物质会自行对来自环境的信息进行选择和修改，使其成为有重复可能的不变量。在生物体成功地将这些信息视为不变的实体之前，神经物质需要和环境不断交换信息。神经系统的能力是如此之强，以至于它能创造出秩序；而任何由其他物质构成的仪器却只能记录下模糊不清的连续变化。试想一下，当你骑着一匹马飞奔，一只灰狗朝你跑来，你拍出来的照片会是什么效果。

在风扇或空调发出如此多的噪声的背景下，我们依旧可以相互理解彼此说的话；而如果没有专家对录音设备的处理，录音设备是无法重现人类交谈的清晰记录的。我们可以毫无困难地从许多变化的干扰中提取出不变的秩序。在可以看到、听到、闻到或感觉到的任何事物中，我们都在积极地组织自己，以便对那些不变的信息留下印象，从而使自己能够应对自身的、外部的、个人的、社会的、时空的无序。在一个教授几种不同语言的教室里，当老师和学生都有兴趣时，学生可以学习其中的一种语言。我们肉眼看到的一个火柴盒的大小和形状都是不变的，但是当我们通过照相机、望远镜，或其他任何用于科学研究的仪器观察它，且把它移动到足够远的地方时，它看上去会变成一个点。如果在一个角落看到它，我们仍然会看到一个"方形"盒子——而那些仪器则不然。我们的神经系统会根据自己的需要创造不变的秩序。

假设我们制造了一台有骨骼、肌肉、器官和大脑的机器。这样的大脑会说英语还是土耳其语？它根本不会说话！这样的大脑能够阅读、演算数学题、听音乐或创作音乐吗？它能制造 IBM 计算机或麦克风吗？当然不能！当人类大脑来到这个世界时，它能支配任何动物大脑都能支配的事情，它可以控制呼吸、消化和身体的自动过程。除此之外，我们必须将大脑与它所处的环境联系起来。一开始，大脑甚至不知道如何让身体直立，它所在的个体不会读书，不会吹口哨，不会跳踢踏舞，不会滑冰，也不会游泳。为了充分发挥功能，大脑必须进行调整和连接。

假设我正在看麦克风，当我的眼睛看着它时，我就能辨认出它。但事实上，我的脑子里没有麦克风的图像。我的视网膜上有一个麦克风的图像。每只眼睛视网膜上的图像被分成 2 部分，投射到大脑皮质的 4 个不同部分，而大脑皮质上并没有麦克风的真实图像。然而，大脑的视觉功能让我们可以"看到"眼睛所看到的事物。大脑经过一种训练，将自己与客观真实"连线"。因此，现实包括环境和身体本身。

心智逐渐发展，并开始为大脑的功能运作编码。我看待身与心的方式涉及一种微妙的方法，即人的整体结构"重新连接"，达到功能整合的状态，意即人们能够做个人想做的事情。每个人都可以选择以一种特殊的方式"重新连接"。然而，我们现在这样做几乎完全是徒劳的，只会让我们远离"拥有自己感受的能力"。

每个人生来都像是类人动物。新生儿可以像其他动物一样吞咽、吸吮、消化、排泄和保持体温。然而与动物不同的是，类人动物可以发展成智人，即具有智慧、知识和觉察的人类。

小结

在许多道路中，总会有一条光明大道。所有人都有好奇心——这是一个帮助我们找到对我们每个人都很重要的"光明大道"的感官世界。安全回家的方法（细胞免受辐射的避难所）必须是走熟悉的路。否则，回家就太慢，也会带来很多不确定性。

所以"领地"这个词与生命一样古老。家对你来说意味着什么？当你累了或受伤了，你会去哪里？还有其他选择吗？我们是怎么得到这些的？我们如何行动、适应或调整自己？学习与此有关吗？什么类型的学习？我们应该怎么学习呢？

第三章　论学习

有机学习（organic learning）是必不可少的。从本质上看，它也有疗愈作用。与接受医生的治疗甚至被治愈相比，学习更能促进你的健康。生命是一个过程，而不是一件事。如果有很多不同的方式影响生命，生命过程会更好。我们需要用很多种方式做我们想做的事，而不是只用我们知道的某一种——即使这是一种好的做事方式。

有机学习始于母体子宫，并在个体的整个发育过程中持续进行。其他类型的学习形式是由老师主导的，发生在学生众多的中小学校、大学和专科学院。这两种类型的学习有很多相似之处，但也有本质上的不同，有些差异非常细微。

一个成人，如果意识到自己在完成别人轻而易举就能完成的事时会遇到内在的困难，通常会觉得自己有问题。家长和老师都会鼓励他在做事时更加努力，并认为某种形式的懒惰正在对他的学习产生负面的影响。有时，更加努力确实会使人获得某种形式的进步，但在多数情况下，随着生命进程的持续，你会发现这些人的变化只是表面的。

我们如果想一下当下有多少方法和技术来帮助那些在社会生活中遇到困难的成人，就可以估算出有多少成人正经历着不同的困扰（包括婚姻、职业和身体缺陷）。有很多人或修禅，或冥想，实践着不同的精神分析方法、生物反馈、催眠术及舞蹈疗法等。据我所知，针对那些并没有被确诊有医学上的相关疾病，但对于自己的感受或表现不满意的人，至少有 50 种以上的相关疗法可供使用。作为上述方法中的一种，我的方法需要处于困苦中的人进行大量的学习，只有这样他们才可以得到帮助。所以，我们只有先理解不同类型的学习，才能明白我所创造并使用的方法的重要性。

对于人类而言，学习，特别是有机学习具有生物必要性，当然更有生理必要性。我们需要通过学习学会走路、说话、阅读、书写、绘画，甚至是用印度人或日本人的传统方式坐着，学习演奏乐器、吹口哨，我们的吃喝习惯也不是出于本能。除了生物性之外，我们还受自己的种族文化和环境的影响。

胚胎、婴儿、儿童的神经系统，可以说是通过空间、时间、子女身份、社会文化环境所引起的感觉（senses）、感受（feelings）和动觉而连接在一起的。但是，幼年期的有机学习涉及复杂的结构和各种相关的功能，需要几年的时间，不可能没有错误和失败，也不可能完美。有机学习是个人化的，没有在一定时间内力求某种成果的老师的参与，只要学习者继续学习，它就会一直持续下去。

这种有机学习是缓慢的，结果的好与坏没人评判，也没有明

确的目标。它仅由满足感引领，意即当学习者为了避免再次发生
之前让自己感觉不愉悦或困难的小错误而进行学习改正后，别扭
感会变小。在父母或任何人的督促下，重新练习已经取得过成功
的事情时，学习者可能会退步；进一步的提升可能会延迟数日或
数周，甚至根本就不会再出现。

身体结构的发育与学习者在他所处的环境中为实践相应功能
而进行的尝试是一致的。在控制眼睛、耳朵、颈部肌肉的神经结
构连接足够成熟且可以做其他动作之前，婴儿只能不断地向两侧
滚来滚去。我不打算偏离目前的主题去讨论苍白球成熟与早期爬
行的关系，以及纹状体或大脑进一步发育对于身体动作的影响。

身体所尝试的任何功能运作都会影响神经结构的发育和它们
的连接模式，反之亦然。因此，学习可能会使身体功能进步到完
美，也可能会发生偏差，甚至在下一次神经结构成熟与另一次功
能运作建立连接之前发生倒退。在成长发育过程中，时不待人，
任何没有在特定时间尝试过的功能都可能在学习者的余生中处于
休眠状态。如果某人在特定的时间内没有学会说话，那他在余生
将很难流利地讲话。在有机学习的过程中，尽管孩子会通过接纳
或拒绝母亲示范的方式来学习，但总的来说，这种学习是没有指
定的老师的。要是恰巧让他感到愉悦，孩子会通过不同的渠道学
习不同的行为。

由教师负责的学校教育或学校式学习可能是人类最伟大的创
造，它是我们作为一个社会成员获得成功以及形成某些缺点的根
源。教师知道他在教什么，也知道将会把学生带向何处。学生知
道他在学什么，以及学到什么程度可以让老师满意。在这种交互
过程中，穿插了为了达到教师满意之目标的练习。我们可以用这

种方式学习医学、工程学、法律或其他学科。

在学校式学习中，学习者必须在规定的时间内学完教学大纲规定的内容。有少数学生可以成功地跟上所有老师的进度，他们是进入高中或大学的学生，他们的有机学习也很好。有些学生则不然，他们的学习成绩总是在班级里垫底。还有一些学生则学到一些知识，从而可以在下学期开始时顺利地升入高一年级。当然，上述说法并没有给予教师应有的尊重，我们每一代人获得的大部分进步主要还是归功于教师的。过去和现在之所以能出现一些非常了不起的人，也与教师的工作有关。

学校的教育实践与家长的信念以及他们对于学习的理解有关。出于好意，父母往往会干涉孩子的有机学习，以至于许多治疗方法都将大多数功能障碍或功能紊乱的开始和形成追溯到父母身上。然而，孤儿的处境更糟：那些抚养他们的人对于何为正确与大多数父母是一样的，但可能对他们的关心更少。他们认为意志力是功能运作的不二法门，重复练习就会更优秀。事实上，为了正确的最终状态或结果而进行练习，只会使学习者产生熟悉感，或者让错误成为习惯。觉得自己功能紊乱者通常会感觉非常无助。他们尝试做正确的事，却发现自己做不好，他们会认为自己在某些方面有根本性的问题。当我们想到音乐、绘画、写作、思考、感受或爱的时候，我们倾向于相信贝多芬、巴赫、毕加索、米开朗琪罗、托尔斯泰、乔伊斯（Joyce）、维特根斯坦（Wittgenstein）、爱因斯坦、狄拉克（Dirac）或但丁用的是他们自己的方式和方法，而不是别人教给他们的或别人认为正确的方式和方法。

教师需要使用文字表达自己，以使学生理解并掌握学习内容。这是在指导过程中必须采用的方法，但是这并不表示这一系统没有严重的缺陷。现在所教的自然法则在我们的思维中已经变得如此习以为常，以至于我们没有停下来思考过它们的真正含义。科学发现的不是自然规律，而是人性规律（laws of human nature）。弄清楚我们的大脑是如何运作的可能要花上几个世纪，而这只是因为我们从外在寻找它的表现形式。以最简单的几何图形三角形为例，从欧几里得之前到今天，我们所知道的关于三角形的一切，实际上都包含在我们可以在一张纸上画出的简单图形中；但是，平分线、垂线、中位线、内切圆、外接圆、面积，以及不同形状的三角形都是我们大脑的产物，而不是画在纸上的三角形的定律。我不记得是帕斯卡还是笛卡儿，在他 13 岁的时候完成了对几何学的理解，重新发现了我们所知道的几何学，但除了自己的思想之外，他没有发现任何自然法则。通常，人们需要花三四十年的时间才能发现重要的"定律"，也就是真正有独创性的思想，如门捷列夫周期表、彩色摄影术、相对论、遗传学中的双螺旋结构，并且要有足够长的时间，人们才能理解其意义和应用价值。当然，我们的大脑从一开始就会形成连接，但这些事物中总有一部分会呈现在我们的环境中，直到某个特定的时刻，某些外在的部分通过我们的感官影响到我们。如果没有感官的话，我们的外在世界中哪里有所谓的规律？如果没有外在世界，我们的大脑功能就无法运作。自我驱动是动物生命的基础和根本，鉴于此，我们才需要有肌肉和骨骼。

从 1、2、3 到无穷大的"自然"数列也许是一个更有说服力的例子。虽然法则或定律被认为是"客观"现实，但其实它只是我们大脑功能运作的方式。数列中有奇数和偶数，它们是按特殊方式分布的；还有质数（素数），它们的分布又是不同的；还有毕达哥拉斯的定理（勾股定理）$a^2 + b^2 = c^2$······数列的法则多到可以写一本厚厚的书。然而，在我们的外部世界，数列和它的法则在哪里呢？只有当我们把它写下来并思考它的时候，数列才存在——它是我们的大脑在最初设定的。显然，自然数列的所有法则更能反映大脑功能运作的法则。

有机学习是生动的，是在一个人心情好的时候发生的，并且在很短的时间间隔内起作用。与一天的学校学习相比，这种学习的态度不那么严谨，效果也更不稳定。

下面我们讲一件逸事，以加深我们对有机学习的理解。几年前，在纽约的情缘餐厅，珍·休斯敦（Jean Houston）和鲍勃·马斯特斯（Bob Masters）介绍我认识了玛格丽特·米德（Margaret Mead）。当我们入座后，玛格丽特·米德说她想先问一个问题，看看我的回答是否能给她一些启发。在进行人类学研究的 20 多年里，她经常会去一个岛上，尽管多次尝试，但她仍然没能教会那里的原住民或他们的孩子某种脚步动作——一种双脚交替跳来跳去的动作。要知道，那些人可都是捕猎和打鱼的能手。由于我对她说的那个动作不甚了解，所以无法给出一个准确的答案，但我告诉她，在我看来，岛民们在小时候被禁止爬行很可能是导致这一问题的原因。她大声说她相信我的解答是对的。然后，她告诉我，那个岛上的人不让他们的孩子用四肢着地，因为担心孩子产生兽性，因此，孩子们完全不会做爬行动作。那次会面是我与玛格丽特·米德友谊的开始，这份友谊一直持续到她去世。

当一个人审视自己的有机学习，以评估自己那些已经充分发挥其遗传天赋的部分时，一定会记得，在思维的过程中，思考与清醒的觉察是无法分开的。清醒意味着我们知道自己是站着、坐着还是躺着，这意味着我们知道相对于重力，我们是如何定位的。当我们用文字来思考时，即使是下意识的，也是有逻辑的，我们会以熟悉的模式来思考，按照以前想过、梦到过、读过、听过或说过的模式。学会从关系模式中思考，把感觉和文字的固定性分开，可以让我们找到隐藏的资源，发现创造新模式的能力，把关系模式从一个学科带到另一个学科。简而言之，我们进行个体的、原创性的思考，从而让我们从另一角度理解我们已经知道的事物。

在我看来，能够允许结构和功能运作进一步成长的学习，就是可以让我们用新的、不同的方式做我们已知之事的学习。这种学习提高了我们自由选择的能力。只有单一的行动模式意味着我们的选择仅限于行动或不行动。

这可能不像听起来那么简单。如果我们想看向右侧，我们都会把头转向右侧，我们的肩膀也会向右侧扭转。从有机学习的角度来看，头、眼、肩向同一方向移动是幼儿时期学习的最原始、最简单的动作方式。神经系统能够做出其他类型的动作，比如眼睛向左看，而头和肩膀向右转。实际上，有 6 种不同的可能性。试试其中任何一种你不熟悉的动作方式。用非常非常慢的速度做动作，这样你就可以觉察到在做动作时头、眼和肩在哪里，这样做也可以让这个动作与自己所知道的唯一的动作模式区分开来。这样做是为什么？看看当成功地使用了新的动作模式，并使它或多或少像熟悉的模式一样流畅时，你是什么感觉。你会感到自己更高、更轻，呼吸得更好，甚至有一种可能从未有过的愉悦感。你的整个意向皮质将像你一直认为的那样，以一种自我引导的方式来运作。

想象一下，现在你学会了区分和重塑自己的大部分活动。你的意向皮质将失去所有的没有其他选择的强迫模式，你会发现自己实际上可以用许多新的方式行动。为了更容易地达到目标，你可以先坐着，也可以先躺着。当脚底的压力分布被移除时——就像躺着的时候一样，该意向皮质就会从整个身体的站立模式中解放出来。这可能是你一生中第一次在皮质连接中形成新的替代模式，并影响你的自我表现。

如果你跟随我尝试一下，你也能获得这种学习，这也是动中觉察课程的学习。这种课程的重点不在于你做了什么动作，而在于你如何引导自己做这些动作。

双手环指动作的分化似乎一点都不重要。然而，根据是否能够分化自己的环指，人类被分为两类：一类是会演奏或创作音乐的人，另一类是只能买音乐会门票或使用音响设备来听音乐的人。我们可以在使用环指的同时让邻近的手指参与完成动作，这一点也不影响我们"正常的"生活。但是在演奏小提琴、长笛、钢琴和大多数其他乐器时都需要环指独立动作，此时环指需要具有像示指和拇指一样的分化程度。这个小例子说明，如果每个人都用这个方式，以有条理的方法体系去处理自己的结构和功能模式，那么每个人都可以发掘出自己惊人的潜力。掌握这些技能不那么容易，但是通过推广普及这样的方法体系，教育和学习就会发生质的变化。

要实现分化，是有一定困难的。它的重要性在于，在已知的某种做事方式的基础上，通过分化，我们增加了更多的可供选择的做事方式。当没有其他选择时，如果运气好的话，我们可能会感觉或做得很好。但如果没有那么好，我们会感到恐惧、怀疑，甚至焦虑。当没有选择的余地时，即使知道是我们给自己造成了痛苦，也会觉得自己无法改变。我们会认为，"我不行，我没有别的办法，因为我就是这样的人"。

如果有了更多的选择，我们就可以在相似但不同的情况下采取不同的、适当的行动。我们的反应可能是刻板的，但符合实际情况。我们可以自己改善生活。如果我们的思考、感觉和感受不能影响我们的行为或反应，那我们就不能用令人满意的方式进行功能运作。因此，你的行为和反应——甚至在你的期望或想象中，必须包含满足感和令人愉悦的成就或结果。这就是学习的效果。在看完本书后，你至少将学会一些"使用"自己的方法。

小结

在所有哺乳动物中，人类的中枢神经系统最为复杂。就像更原始的生物一样，所有神经系统的建立都是为了种属的学习。人类的中枢神经系统是世界上最适合个人（个体发育）学习的结构。外部世界影响我们的感官和大脑。所以不论出生在哪一种语言环境中，我们的大脑都会组织起来让我们学习并熟悉那一种语言。在那种环境中，我们的耳朵、嘴巴和其他的一切，都将被塑造并适应这种语言。

第四章 姿势的生物面

稳定本身是好的，但它也意味着难以迅速启动动作，以及难以被移动。已经躺在拳击台上的拳击手会受到规则的保护，这种受规则保护的状态会持续到他重新站起来的那一刻（身体再次处于不稳定状态之时）。重新站起来之后，他就可以移动并攻击对手、躲避对手的攻击。稳定性（当一个人受到保护时）增加了安全感。不稳定意味着风险，但也意味着灵活机动。在生物层面，两者都很重要，对其中任何一种的执泥都会让人因为缺乏选择而变得不安全。

当我们在世界各大城市看到一座座巨大的建筑物时，我们通常不会想到它们的地基。我们也会惊讶地发现，建筑物中的房间大多数时候看起来就像一个个蜂巢，里面到处是忙忙碌碌的人。如果一场强烈的地震撼动了这座城市，那么这座大楼的地基在很大程度上会决定这座大楼是屹立不倒、可以修复，还是会倒塌、无法修复。从静态结构开始，在正常情况下，我们只关心建筑物如何使用。当我们不得不考虑应激或创伤下的动态平衡或均衡时，所有这些事情就变得完全不同了，地基的深度、所用的材料及其质量，以及上部结构的设计和施工方法变得非常重要。把直立的人与静态的建筑物联系起来对比，会发现如果他们功能运作正常，而且不会对自己或社会抱怨太多，那么我们就不会考虑他们是如何成长起来的，是由什么构建的。相比于无法修复的破坏，他周围的人往往不会关心他在承受什么样的冲击后才会受到震动。显然，哪座建筑将被修复，哪座建筑将被废弃，取决于结构工程师的技能、经验和聪明才智。

就像所有生物一样，人类也会经历从小冲击、伤害和灾难中恢复的过程。当一个人受到冲击，而神秘的自愈过程不能使他恢复正常功能运作时，并不是因为他受到了某种惩罚，而是他需要得到帮助才能恢复。很多提供帮助的人会处理疼痛或疼痛所在的部位，但他们都忽略了出问题的是个体——一个人。在这里，说一件我亲历之事，你就会更清楚我想要表达什么。一位60多岁的妇女抱怨自己耻骨上方的小腹部位有持续、剧烈的疼痛。全科医生让她拍X线片，分析她的血液和尿液，并做了作为一个尽责的好医生会做的所有事情。最后，这位医生告诉她，他找不到她有什么问题。当然，她的健康状况已经不像20岁时那么好了。考虑到她现在的年龄，他可以给她开镇痛药，但疼痛也可能会自行缓解。然而，疼痛并没有缓解，她再去找医生，医生建议她去看妇科。X线片、化验，同样的检查程序再来一遍，结果还是一样。"我看不出有什么问题，但当然，你和年轻时不一样了。"医生还是这么说。她说自己睡不着觉，工作起来也很吃力，所以决定再找个骨科医生检查她的骨盆和腰椎结构。同样，这位骨科医生又给她做了一次 X 线检查，做了一个尽责的骨科医生所能做的一切。结果就不用再告诉你了。这位骨科医生建议她做一个神经系统检查。神经科医生也给她做了检查，又重复了一遍现在看来很无聊的过程，但结果却还是一样的。这位可怜的女士抱怨说，她已经受了 8 个多月的苦，日常工作也已经受到了影响。神经科医生建议她去看精神科医生，因为所有的专家都找不到她疼痛的有机的原因。

事实是，在第二次世界大战期间，她在德国的一个集中营里失去了一个孩子。在 19 岁重获自由时，她不知道如何谋生。在一次精神崩溃后，她被法国人收留。再后来，她来到了以色列的一个基布兹①。几年之后，她再婚了，却在一次战争中又失去了丈夫和儿子。她是一个生命力十分顽强的人，苦难的经历使她变得更加坚强和成熟，但是因为不能再生育，她觉得自己不适合开始第三次婚姻。在与她的交流中，我认为引起她疼痛的原因是她的遭遇。

我想说的是，她求助的每一个人都只考虑到了困扰她的那个部位，却没有任何一个医生把她当成一个完整的人来对待。精神科医生可能会对她有点帮助，但他不知道是否有一个有机的原因（organic reason）。这个女人被"找一个精神科医生"的建议吓坏了，觉得自己的精神不正常。在你理解了我对我们共同命运的不同解释后，我会告诉你她是如何从痛苦中恢复过来的。如果你还记得我之前提到的"共舞"的想法，你就能大致猜出我是如何

---

① 以色列的集体农场或工厂，工人在这里集体生活、工作、决策和分配收入。——译者注

做的。

　　人体不是一个静止的建筑。恢复一个人良好的功能运作是一件非常微妙的事情，需要更多的基本知识来了解我们是如何发展出现在这样的功能，需要更多的信息和洞察力来理解这个人本身所没有的东西。毕竟，他是一个和你我一样的人。为什么他没有意识到自己生命的活力，而是把自己看作一种活着的机器？只要他还有活力，就会不断努力。换言之，当他停下时，他的活力就消失了。这真的算不上是一种解释。很明显，生活不是静止的。它是一个从一开始就在时间上不断推进的过程，向着无限的未来前进。每个人可能都知道生命是一个过程，但不是每个人都知道静态平衡（static equilibrium）并不适用于一个过程。当一个静态结构被撞倒时，它就会保持倒掉的样子。然而，一个活着的个体，无论是移动的还是静止的，在被击倒时都会表现出意想不到的反应模式。

　　由大量更基本的系统组成的系统，或由更小的有机体组成的有机体不会因为受到打击或被击倒而丧失功能。它们受控于我们先前介绍和已经发现的法则，这些法则支配着大型系统、活的有机体或生物体、物种、文明等。

　　让我们再仔细看看我们所知道的"动态平衡"，或者那些以活动和动作为规则的大型系统的平衡。一个人拥有 2^{58} 个（这个数量是天文级的）独立的活细胞，因而有资格被认为是一个大系统，世界上的钢铁工业、英国化学工业公司（Imperial Chemical Industries Ltd.）和飞利浦（Phillips）公司都是大系统。对于一个摔断了一条腿或一条胳膊的人，他只是功能受到了一点限制，退步到一个活动稍微受限的状态，暂时受到了一点挫折而已。他会恢复，通常也可以继续成长。在一个大的系统中（如我们上面提到的），如果一个工厂（小系统）被破坏，整个大系统将受到损害，但仍将恢复并持续发展。在动态平衡中，问题不是站立或倒下，而是系统在恢复发展之前能够承受多大的冲击。组成大系统的小系统越多，大系统恢复和存活的可能性就越大。

伟大的化学家勒夏特列（Le Chatelier）研究了大系统的动态平衡问题。他指出，当这种平衡受到干扰时，为了使其恢复正常状态，系统本身就会产生内部力量以维稳，而不是靠外在的力。在人类中，当身体平衡受到干扰时，例如发热、中毒或感染，体内就会产生力量，以恢复正常的功能水平或内稳态。

人的姿势（posture）尽管隐含着静态的"张贴（posting）"的意思，却是一种动态的平衡。如果在大的扰动后能恢复平衡，那么这个姿势就是好的。抓住一个空瓶子的瓶颈，慢慢地让它偏离垂直方向，当你把瓶子放开时，瓶子的第一个倾向是回到垂直的位置。当你把瓶子放开后，它会振荡几次，之后在重力势能的作用下连续晃动的幅度逐渐变小，最终恢复到被扰动之前的静态平衡状态。这是一个简单的、可见的动态平衡中内力发挥作用以恢复平衡的实例。但这个例子有点过于简单化，因为晃动中的势能转化为动能，动能再转化为势能，是瓶子偏离重心以及地球引力的结果，所以，严格意义上讲，这并不是大系统中的内在力量。

人类的直立状态，一般称之为姿势，不受静态平衡法则的支配。一尊没有地基的男人或女人雕像，尽管看起来很稳重，但在一场强烈的风暴中也会倒下。通常，人体雕像的脚下有长长的固定杆，嵌入支架或底座，并通过熔化的铅固定在石头上。沉重的头部和躯干在顶部，使重心相当高，这是不利于稳定的。人体重心所在的位置位于第三腰椎区域，离地面约 1.2 米高。人体的重心并不在一个固定的点上，而是随着身体形态的变化而变化。

　　站着比移动起来更难。在军队接受检阅时，由于长时间保持不动，年轻的战士有时会昏倒。婴儿在学会保持站着不动之前，就已经可以急冲着向前迈步了。我们将话题再绕回到人类姿势的动力学上。我们的神经系统与骨骼、肌肉一起在重力场中进化。神经系统的结构能够应对人体在高重心情况下的直立姿势的动力学要求。我想说，我们的神经系统和我们的身体一样，它们的工作是为了恢复身体平衡，而不是保持身体平衡。神经系统的结构和功能为我们提供了有效使用自己的原则和手段。如果我们要学会让自己的功能和谐运作，这一点是至关重要的。协调有效的动作可以防止组织磨损和撕裂。更重要的是，协调有效的动作对我们的自我意象，以及我们与周围世界的关系有一定影响。

　　通过个人经历，我发现了一种现象，这种现象现在是我教学的基础之一。我年轻时在踢足球的过程中伤到了左膝关节，伤势很严重，左腿好几个月都不能活动，我不得不过度使用健康的右腿，从而使右腿失去了以前的柔韧性和灵活性。有一天，我在人行道上用那条还能正常使用的右腿跳着走时，踩到了一块油渍，滑倒了。我觉得我的右膝关节几乎要扭伤，但最后还是恢复了原位。我跳着回到了家。然后我爬了两层楼梯，爬完后我很高兴地躺了下来。渐渐地，我觉得我的右腿变得僵硬，并且由于积液，右关节处肿了起来。由于最初受伤的左膝关节仍然很痛且包扎得结实，我无法站起来。同时，我想也许不久我就会完全站不起来，不得不躺在床上了。睡着前，我一直心情沉重。

　　第二天醒来时，我想试一下自己是否能在没有人帮助的情况下走到卫生间。我惊讶地发现，我竟然可以使用那条先前受伤的左腿站着，而这条腿在昨天还是不能使用的。右膝关节的新创伤使受伤的左腿变得可以使用了。事实上，如果它在先前可以使用的话，我就不用单脚跳了。我想我可能是傻了，怎么也想不明白，这条让我好几个月都无法用力的受伤的左腿，怎么可能突然变得可以用了，而且几乎没有疼痛？况且，这是在先前受伤的左腿的股四头肌几乎摸不到（这是半月板严重受伤时通常会发生的情况）、大腿明显变细的情况下发生的。在我看来，萎缩了的股四头肌突然变得有了足够的张力，从而让我可以用之前受伤的左腿支撑身体了。而在 X 线片上我们可以清楚地看到膝关节的生理解剖异常。我从未听说过如此神奇的事情。我满脸冷汗，不知道自己是醒着还是在做梦。我扶着家具，想动一动。毫无疑问，我不是在做梦。我把重心放在那条之前受伤的左腿上，而我一直在使用的那条右腿成了辅助腿。先前受伤的左腿不能完全伸直，我的重量压在这条腿的脚趾而不是脚跟上，这条之前受伤的腿支撑着我的大部分重量。

由于害怕被人揶揄，我没有和任何人提及这件事，并且一直不知道为什么会出现这种情况。但我确信，我可能在精神上出现了问题，因为之前受伤的左腿在数小时内变得可以正常使用是不可想象的。但事实是，原本好的膝关节出了问题后，之前有问题的膝关节的功能确实有了改善。多年后，在阅读斯佩兰斯基（Speransky）教授的《医学理论基础》（*A Basis for the Theory of Medicine*）一书时，我意识到，像我经历过的这种变化只有从神经系统的角度考虑才能找到解释。我自己也曾往这个方向考虑过，但不敢说出这样疯狂的想法，也未敢付诸行动。运动皮质某一部分被抑制，可以改变邻近的对称点，使其兴奋，或减少抑制。巴甫洛夫认为，大脑皮质上的一个兴奋点必然会被一个抑制区所包围。在受伤的时候，我甚至疯狂地认为通过大脑功能的改变来完成解剖结构的改变是可能的。因为与改变骨骼相比，改变大脑功能所涉及的能量微不足道。

后来，我了解到了许多发生在其他人身体上的类似的事情。斯皮兹（Spitz）医生是一位资深牙医，曾教导出一批口腔正畸医师。我问她是否曾遇到过患者"一侧下颌牙齿因感染无法咀嚼，在另一侧下颌受到创伤后却突然可以咀嚼"的情况。回忆了漫长的职业生涯后，她最终想起三次类似的情况。她告诉我，她从未向任何人提起过，而是试图忘记它们，因为她找不到合理的解释。偏瘫患者瘫痪腿的股四头肌会萎缩，腿也会变细，但是几乎同时，非患侧腿的肌张力会增加。在巴甫洛夫辞世后，斯佩兰斯基教授成为巴甫洛夫研究所的主任，他从俄罗斯各地的医生那里收集了与他自己观察到的现象类似的案例。在一侧手臂上进行注射后，另一侧手臂上相应的点也会出现改变，这是与注射有关的相反变化，即在相应点的周围出现水肿现象。他发现除了与神经系统有关的解释之外，无法从其他角度解释。

在旧金山授课期间，我有幸邀请卡尔·H.普里布拉姆多次来到课堂。有一次在他回答观众的提问时，我告诉他我观察到"重复触碰耳朵的内部后，同侧的手和脚都会产生温暖的感觉"，并问他对此有什么解释。毛细血管的扩张和血液供应的增加是由自主神经系统控制的，但据我所知，耳朵里没有自主神经。普里布拉姆教授在他辉煌的科学生涯之初是一名脑外科医生，他告诉我们他曾经有过这样的经验。当时他在进行的脑外科手术涉及耳部区域，在手术时，他注意到患者嘴唇周围有汗。他后来进行了一些研究，以弄清这是怎么回事，因为在耳部的这个区域确实没有自主神经、交感神经或副交感神经。他在 25 年前发表了一篇论文，文中有这个问题的答案。

我们需要一种更有想象力的科学方法，并据此来理解我们自身所有方面的相互关联的功能，而不是仅仅满足于一些局部功能的概念。这是一个非常复杂的问题，在我们建立知识体系和有清晰的理解之前，我们必须为不止一次的意外做好准备。

现在我们将对姿势进行更深入的探讨。所有动物在重力场中都在以不同的方式"使用"自己，这些动作首先是具有探索性的，然后在行动中，又带有警觉以及注意的属性。"使用"自己首先就是让自己移动，这通常是通过改变身体的形态（configuration）来实现的。从实践层面来说，在某一次移动和下一次移动之间，总有一个时刻，其身体没有显著地改变位置。这一相对不动的时刻是每个物种都具有的，包括人，它是一个特定的身体的专属特征。无论动物的整个身体有什么位移，或其各部分结构有什么静态的变化，它都必须经过实际不动的某个点。这个点是动物的姿势。

我们可以把动物的姿势比作一个摆动的钟摆的姿势。无论摆动幅度是大还是小，钟摆总会经过某个不动的位置，我们可以把它看作钟摆的姿势。摆动只能从垂直方向开始，每一次摆动都要经过这个姿势。

随后，我们会对这个类比进行重要的修正。我们可以从另一个角度看这件事。不同种类的动物都有一种特有的姿势，我们通常认为这个姿势是站立，尽管从动态上来说，这是做出任何动作前的身体形态。在躺下、跑步、游泳、交配或做其他任何动作之前，动物都要回到站立的姿势。在大多数活动中，动物在最终恢复活动之前都要经过站立形态。当我们在完成"坐"这个动作时，我们从站着的状态变成坐的状态。当我们举、扔、跳、游泳，或做其他事情时，我们开始和结束时均是站立状态。两种行为之间重心的轨迹必然会经过站着时它所处的点。它将从轨迹的那个位置开始，一旦活动停止，它将返回那里。因此，我认为姿势是运动物体轨迹的一部分，任何移动都必然从它开始，并到此结束。这是以动态的思维或者从动作的观点来考虑姿势的方式，毕竟姿势和动作是生命最常见的特征。如果姿势是静止不动的，在相同的地方，有相同的形态，那么通常的结果是要么危及生命，要么结束生命。死去的动物放弃了它特有的姿势，呈现出一种对生命没有什么重要性的静止形态。

　　以钟摆做类比时必须纠正的是，就像死去的动物一样，不动的钟摆的重心通常处于最低的位置。一个"活的"钟摆就像一个活的动物，它的重心在尽可能高的位置，这是它自身任何位移的特征开始或结束的位置。一个倒立的钟摆，比如说在一根杆子的顶上放一个球体的装置，就是我所说的"活的"钟摆。这是一个更接近的类比，因为当这样一个钟摆不动的时候，它的重心是在它可能的最高位置。这是可能的，但保持这种状态就像站着不动一样困难。

　　植物也是活的，与动物的主要区别是复制方式、营养方式和自我保存的方式。动物的所有功能都是通过自己的动作和姿势的改变来实现的，简单来说就是自我引导，而植物则相对静止，扎根在土壤中。没有交配，动物就不能复制，而寻找配偶和交配都需要通过做动作来实现。即使是植物，为了复制也必须进行某些动作，但它们是不需要移动自己的。真正的区别在于，动物的一切功能主要是动态的和主动的，而植物主要是静态的、不动的和被动的。

即使是错误的动作，其开始和结束也仍然是动物的典型姿势，也不是很复杂，对复制而言不是很关键。肢体残缺的男人和女人，甚至是精神失常的人，也有生育的本能。时间对他们来说也不是关键，因为这是持续数月的问题，而且几乎任何姿势都足够好。顺便说一下，语言是多么费力呀！读了前面的几段，你会发现我没有用那些我常用的表达方式。这不是一个非黑即白的世界，而是有各种可能的灰色区域。当我们成为朋友，并建立了一套有共同意思的词汇库，我们就会很容易相互理解，而如果双方互相误导或欺骗的话，纵然把话说得十分精确，也很难相互理解。

对动物和植物来说，摄取营养是非常紧迫、关键之事。我相信只有骆驼能在没有水的情况下生存两个星期——这是我从贝都因人那里听来的，我并没有核实这句话的真实性。骆驼对贝都因人来说几乎和他们自己一样重要。如果我们把空气也当作一种营养物质（事实上它确实是），那么它显然是一种非常关键的物质。离开它，我们生与死的时间差只有几分钟而已。机体吸入的水分会通过呼吸和汗水流失，人类在没有水的情况下只能存活几天，但骆驼和一些昆虫可以活得更久一些。很少有生物体可以在没有水的情况下生存超过1周。一般而言，与水和空气相比，食物的重要性稍次。简言之，空气、水以及食物对于个体生存的重要性要远远高于复制。必须摄入的物质将诸多动物的生存时间限制在几分钟、几天或1周左右。你可以自己想想没有水分的植物是如何生存的。想想沙漠的植被，想想炎热和严寒天气对植被以及所有活着的和运动着的动物和人的影响。

就温度和营养而言，个体的动作比在最佳条件下的复制更为重要。然而，生命是由最低因素所限制的，最低因素将决定万物的生与死。生与死的最低限制因素包括空气、水、温度和营养，它们决定了你的生存时间是以分钟为单位计算还是以天为单位计算。这些限制也影响复制功能。就生存而言，最不值钱的因素起着最重要的作用。姿势，作为任何动作开始和结束之间会经过的形态，比复制更为重要。健康、移动自如、警觉、组织良好的人和动物比那些残疾的或精神错乱的人和动物有更多生存的机会。

正如我们先前所说，姿势的第三个生物学标准是自我保护。与自我保护有关的姿势是最关键的，它可能会让动物在几分之一秒内失去生存机会，幸运的情况下或许可以延长至几秒钟。由于自我保护是好的动作最严格的衡量标准，同时好的姿势是好的动作的一个特殊例子，因此自我保护有助于我们更准确地描述姿势。在15 000～10 000年前，我们的祖先以狩猎为生，他们没有爪和利齿，也没有角和蹄，他们凭着敏捷和熟练的动作以及某些独有的姿势，使他们的后代成为整个动物世界的统治者。无论人类在哪里定居，狮子、蛇、野猪、大象这些更强壮、更敏捷、更庞大的动物都必须逃离，否则就会被杀死，因为它们不是最不稳定、最脆弱的人类猎手的对手。为了获得动作的多样性，以及停止、改变或继续的能力，必须具有一个快速运转的大脑。当然，由于身躯存在固有的弱点，人类必须过集体生活，并建立部落生活习惯。

人类的姿势，在其最佳状态下，能够做出各种各样的动作，这使人成为动物世界之王——而不是我们童年时所认为的狮子。我们也知道，由于头、肩膀和手臂的高度，人的重心非常高。只有动态地使用，人体结构才能很容易地移动——这里我们再次注意一下语言和讲话的内在困难——实际上每个动作都是动态的。为了区分动态的"使用"自己和静态的"使用"自己，我们可以讨论一下重心非常低的身体的稳定性。地面上的一个重物如果想把自己抬高或使自己发生位移，就需要具备某种形式的足够的力量或能量，在进行任何动作时也必须非常慢，并且在移动之前需要储备足够的能量。水上飞机就是这样的，它在水面滑行后起飞，就像任何一架飞机一样，需要将起落架的轮子从机腹伸出来滑行，以获得动量。这样的物体本质上是静态的，它们只有获得足够的能量并将之转化为动能后，才能起动。它们的结构导致了自身在起动时行动既笨拙又缓慢。

在起身时，人体会产生和储存能量，并将重心提升到与身体结构兼容的最高水平。在引力场中，人体通常在自身储存势能，以启动空间中6种基本动作中的任何5种。在重心抬高的过程中，能量已经储存在体内了，因此在向下、向右、向左、向前、向后移动时，只需要释放能量。也就是说，只要松开"刹车"，能量就可以转化为动能。只要有了意图，动作就会开始，换言之，皮质或运动皮质的意图和动作的开始是同步的。

我们可以看到，即使是在静止、处于运动轨迹上某个特定点时，人的姿势也遵循动力学法则。你可以停止动作，再继续朝之前的方向移动，或改变至任何方向。一个处于静态平衡（低重心）的身体想要移动时，需要克服较多的惯性才能改变方向。

神经传导和肌肉收缩的工作也遵循动态原则，它们无须等待启动前的能量供应以及能量转换。神经已经储存了用于传导的能量，这些能量在被消耗后立马又被补充，为下一次启动做好准备。

肌肉纤维收缩，然后补充能量为下一次收缩做准备，当然，也不是绝对如此。

与动物相比，人类的姿势还有其他优势。这个我们在很久以前就认识到了，即人类的手臂从负重的状态中被解放出来。这一变化，再加上灵活的大脑，使得人类逐步拥有了特有的操作能力。类人猿也有手臂、手，这些部位的肌肉几乎和人类一样，但它们的拇指不能做人类拇指所能做的动作。拇指指尖与其他手指指尖相对的能力是人类操作能力的重要表现，而当我们对这种灵巧的功能进行深入的思考时，会不由得感叹：这是一种多么令人赞叹的能力呀！与我们在紧急情况下闭上眼睛的速度相比，钢琴大师或小提琴大师的手指移动速度更快。他们要在 1/64 秒内做出精确动作，并且动作的用力大小也会有细微的变化。人类的姿势并不简单，也不容易掌握。它需要一个漫长而苛刻的学徒期。为了达到自身结构所允许的最佳功能运作质量，每个人都必须学习；像自然界的其他事物一样，学习本身也是一个令人惊叹的事物。

让我们看看人类的姿势能为我们带来什么。它可以让人类在尼亚加拉瀑布上方走钢丝——这是任何猫都做不到的，即使是在它的鼻子上放一根平衡杆也不行。它能让人类完成撑杆跳、花样滑冰、打鼓，以及斗牛，斗牛士总是手拿红斗篷不慌不忙地面对一头狂奔的公牛，直到牛角碰到红斗篷他才闪开身体。它让人类能滑雪跳跃，像拉斯特利（Rastelli）一样在空中玩 10 个抛接球，一分钟打 300 个字，玩空中杂技，跳西班牙弗拉门戈舞、苏菲旋转舞、踢踏舞。潜水采珍珠的人可以不戴呼吸设备在深水下待 5 分钟；而杂技运动员可以爬上一个平衡梯，在顶端单手倒立；还有人可以表演精准飞刀。人类的动作和技巧往往会超过自身的想象力。想想制作手表的显微工艺，制表匠需要旋动一个用显微镜才能看到的螺丝——这是多么精巧的动作！读者们也可以自己考虑一下你所知道的类似的技能。

这些技能都不是人类天生就会的，而是通过学习获得的。如何学习？我们所说的学习是什么意思？人类的姿势是如何习得的？在极少数情况下，由人类社会以外的动物抚养长大的人类婴儿，大部分时间都像猿猴一样四肢着地走路，只能保持短暂的半直立状态。人类学到的东西可能是半生不熟的，甚至可能很糟糕。因此，人类拥有各种各样的姿势，有些姿势显然没有另一些好。前面已经提到过，我们的大脑是随着技能的学习而进化的，稍后我们会回到这个话题。

姿势和态度是如此紧密地相互依赖，以至于大多数人抱怨他们的姿势，同时暗地里怀疑他们的身体是不是有根本的问题。他们认为只要可以"矫正"自己的姿势，他们就会变得更好。他们是正确的，但并不完全正确。姿势只能改善，不能矫正。只有完美的姿势才被认为是正确的，但这样的姿势只能存在于一个完美的大脑和神经系统里。在现实生活中，这样的完美模型并不存在。我们可以或多或少地接近它，但也仅止于接近，接近的路径数量几乎和圆的半径一样多。

小结

当选择减少到只有一个动作或没有任何可替代的动作时，我们就会产生焦虑，这种焦虑甚至会严重到我们连唯一可做的动作都不能做的程度。在地板上放一块宽 30 厘米左右的木板，从木板的一端走到另一端。实际地做一下，或者只是在想象中做一下。现在，我们把这块木板放到离地 10 米高的地方，并且把木板撑得像在地面上一样牢固，再次试着从一端走到另一端。像之前一样，实际地做一下，或者只是在想象中做一下。感觉一下你是如何产生焦虑的，这是否与害怕坠落有关？然而，有些人已经学会了在树上或横梁上走动。遇到这种情况时，你会有什么反应？

第五章　焦虑的身体模式

焦虑可以是积极、有用的现象。当我们感觉到什么东西会危及生命时，它会在一定程度上确保我们的安全。当我们内心深处意识到自己别无选择时，就会感到焦虑。

跨坐在约 3 米高的一块窄木板上，双脚悬空，靠手的力量把身体从木板的一端移动到另一端。没有任何选择的情况会阻止你发挥自己的创造性想象，因为焦虑时你大多会选择让自己产生焦虑的选项。

有些事，我们根本不能改变。中国人永远不会变成因组特人。但是，我们会发生一些变化。生命是有时限的，它是一个需要用自身内在组织来适应和影响外部变化的行动过程。我们学会从内在组织自己以迎接挑战或挑战他人。我们的内在组织在焦虑下会发生差错或有所不足，从而产生不良和错误的动作，表现不好。我们的意图和表现越一成不变，内在组织就越低效。生命是一个时间的历程，而时间是无法一成不变的。

如果没有尽可能地学习了解自己，我们就会限制自己的选择。没有选择的自由，生命就不会那么美好。如果没有其他的思维方式，改变是非常困难的；然后，我们就会放弃，而不去应对，就好像它们是上天安排的一样。

麦克杜格尔（McDougall）认为，人类有 14 种不同类型的本能：成为父母、性欲、寻求食物、恐惧或逃避、战斗、组织、好奇、憎恶、占有、吸引（与成为父母本能相对应）、群居（合群）、自我肯定、自我屈服和大笑。巴甫洛夫认为，还有一种追求自由的本能，如动物拒绝被束缚或封闭在一个行动受限的空间里。

在生理学上，与后天习得的能力或条件反射不同，本能是一系列无条件反射活动的集合。先天反射是由动物的中枢神经系统完成的，且是遗传的，因此它们的形成在很大程度上与个体经验无关。然而，"本能"的概念在使用过程中不太严谨，从而使很多人对它产生了许多误解。

有一种本能是与其他本能完全不同的，它会抑制动作，这就是恐惧。动物在受到惊吓时，要么僵住不动，要么逃跑。在这两种情况下，都存在暂时的动作中止。这种动作中止源于它们对惊吓刺激所产生的第一反应。此时，其身体的所有屈肌，尤其是腹部屈肌剧烈收缩，呼吸停止，紧接着是一系列的血管舒缩变化，如脉搏加速，出汗，排尿甚至排便。膝关节弯曲及腘绳肌（一种屈肌）收缩。股四头肌是一种抗重力伸肌，它是腘绳肌的拮抗肌，因此在腘绳肌收缩的情况下，股四头肌不能充分收缩，也就无法使膝关节伸直。屈肌的收缩抑制了它们的拮抗肌（伸肌）或抗重力肌肉，因此在最初的反应结束之前，它们不会发生位移。除了伸肌受抑制，还有伴随恐惧的所有感觉。乍一看，这有些令人吃惊。人们普遍会认为动物遇到危险时的第一反应是尽快逃离。

当可怕的刺激太近或太猛烈时，情况就不是我们想象的那样了。强烈的刺激会引起屈肌的收缩，最初的收缩会使伸肌产生牵张反射，从而使动物在逃脱时产生更大的力。然而，如果危险太近，最初的屈肌收缩也能使动物变僵，甚至看上去像死了一样。血液中肾上腺素含量的增加会引发所有其他的反应，这也为心脏和其他肌肉可能的剧烈活动做好了准备。

实际上，新生儿对缓慢而微小的外部刺激不敏感。出生时，他们对光线、噪声、气味几乎没有反应，甚至对轻微的挤压也没有反应，但被放入极冷或极热的水中时，则会有强烈反应。如果突然下坠，或支撑物被快速撤走，我们就会观察到他们的所有屈肌剧烈收缩，呼吸停止，接着是哭泣和全身血管舒缩紊乱，即脉搏改变、出汗等。新生儿对撤走支撑物的反应和成人对惊吓或恐惧的反应具有显著的相似性。这种对下坠的反应在出生时就存在了，也就是先天的、独立于个人经验的。因此，我们可以说这是人类对跌落的本能反应。

查尔斯·达尔文写了一本书，名字叫《人类和动物的表情》（ *The Expression of the Emotions in Man and Animals* ）[1]。尽管文中有许多不精确之处，但它依旧是一本非常重要的书。我认为，在心理学上它也是一本有价值的著作。在书中，我们可以看到很多关于动物表情的实例——就像我们在活生生的动物身上看到的一样，书中的相关内容比许多现代心理学论文中提到的还要多。达尔文在这本书中描述的恐惧的姿态，如低头、蹲伏、屈膝等，都

---

[1]　本书的中文版本已经出版。——译者注

是与直立行为相对应的所有屈肌收缩的细节性描述。

除了在空间中急剧改变位置外，新生儿不会出现与成人所感觉到的恐惧相似的反应。新生儿大约 3 周大的时候，其听力会变得更好，也会对非常大的噪声做出反应。有一个众所周知的事实，即刺激越强，有一定规则的扩散和放射就越多。因此，如果一只手被轻轻地夹住，那只手就会反射性地缩回；如果夹的力度加大，导致被夹住的手不能动，另一只手臂就会抽动；而如果刺激更强、更猛烈，双腿和整个身体就会动起来。

M.A. 明科夫斯基（Minkowski）发现了兴奋在人类胚胎的整个神经系统中的极端散播，即兴奋的扩散。例如，被挠脚时，人类整个肌肉组织、躯干、颈部和头部都会有反应。在新生儿中，兴奋的扩散范围也比成人大。非常大的噪声会刺激第 8 对脑神经的听神经。兴奋会传导至同一神经的前庭神经。这种扩散不是发生在神经上，而是在第一个中转站，也可能发生在成人更高级的中枢部位。

第 8 对脑神经在内耳附近分为两部分，分别是负责听力的听神经和负责平衡的前庭神经。参考特斯图特（Testut）或谢弗（Schaffer）的解剖文献，我们可以发现这两个部分是如何紧密而复杂地相互连接的。当然，强烈冲动的扩散并不局限于第 8 对脑神经的分支。因非常大的噪声而产生的强烈刺激会在更高部位的上橄榄核扩散到第 10 对脑神经（迷走神经）并产生刺激，对屏住呼吸起重要作用。

来自前庭神经的强烈冲动将以同样的方式扩散到上橄榄核，并导致呼吸暂停。呼吸暂停是心区功能的突然紊乱引发的。膈肌和心区的这种紊乱形成的感觉为焦虑，有些人把这种感觉描述为心脏下坠的感觉，或者是胸骨下方的空虚感或寒冷感。

第 8 对脑神经的前庭神经支配半规管和耳石。半规管感知加速度的变化，而耳石则感知头部相对于垂直方向的缓慢运动。

因此，成人害怕跌落的反应是遗传的、先天的，它在起作用之前不需要个人经验。任何突然的、急剧的坠落都会引起新生儿一系列的条件反射，我们把这些条件反射看作他对跌落的反应。因此，焦虑的最初体验与第 8 对脑神经的前庭神经部分的刺激有关。

胎儿在母体子宫里就能听见声音，那里噪声不大，且羊水能更好地传递声音。婴儿会对突然出现的非常大的噪声做出强烈的反应——这是唯一会影响到他的，这种刺激是非常强烈的，会发生从耳蜗听神经到前庭神经路径的扩散。若噪声接近感觉的阈值，也可能被感觉为疼痛。婴儿受到惊吓后，头部的抽动也会直接刺激半规管。

耳内听神经支配的拓扑结构负责为巨大的声音和恐惧做好准备。这也是为什么许多人会普遍误认为，对噪声的恐惧是动物第一种无条件的恐惧。类人猿和人类对巨大的响声的恐惧几乎没有差别。新生儿是无助的，需要母亲一直抱着，这样他就不会恐惧噪声，因为他处于保护之下，没有紧迫的存亡之忧。婴儿对噪声的恐惧并不是一种基本的生理需求。

另一方面，新生的树栖灵长类动物从树上坠落时——就像一些可能的事故和地震所引发的那样，如果它们收缩屈肌（腹部产生强有力的收缩，屏住呼吸，同时头颈部屈曲），就会使胸廓更有韧性，从而增加自己生存的机会。我们已经说过，这不仅可以防止后脑勺撞到地上，也确保了与地面接触的点位于强壮的脊柱拱起的部位（大致在胸椎下部或接近重心的部位）。因此，震动就会沿着脊柱结构转变成切向（接触点的两侧）的推力，并被骨骼、韧带和肌肉吸收，而不是将力直接传递到内脏，造成致命的伤害。

我们可以认为这是一种选择性的差异因素，没有对坠落产生这种反应的婴儿生存下来的机会更小。因此，存活下来的物种对坠落有着精确的先天反应。值得注意的是，阿瑟·基思爵士（Sir Arthur Keith）的观点支持了我所描述的人体对坠落的反应："人最初的姿势和姿态是与树上生活相对应的，而不是与地上生活相对应。"

柔道教导人们在摔倒时使用的身体姿态，与婴儿坠落时的无意识姿态是一样的。柔道和合气道（Aikido）老师可能因此发现了初学者在坠落过程中不会使用自己手臂的原因。在坠落时，由于先天的反应，初学者的手臂会屈曲。因此，在学会控制和有意抑制手臂屈曲前，初学者通常会伤到自己的手臂。随着学习的深入，他们学会了如何着地，也就是说，他们可以完全将手臂的动作与由跌倒引起的本能的屈肌收缩模式分离。头部和腹部的屈肌收缩，以背部着地，这样即使从相当高的高度坠落也能使身体免于伤害。

把婴儿哭泣解释为对坠落的反应，比解释为对巨大响声的反应更容易理解。坠落于地的婴儿需要立即被保护，并且会感觉到疼痛。一般来说，听到一声巨响后的哭声是多余的，因为据推测，母亲至少和婴儿一样知道它的重要性和它可能传达的危险信息。

在最初几周内，新生儿对手中的物体表现出的抓握反射可能是屈肌收缩反应的又一种表现，也反映了屈肌收缩对于婴儿的重要性。看过幼猿如何紧抓着它们母亲毛茸茸的胸部后，你会更好地理解这一点。

综上所述，人类对坠落的恐惧是先天的，从解剖结构的角度来讲，下一个能被感觉到的恐惧是巨大的噪声。刺激第 8 对脑神经的前庭神经会引起无条件的焦虑。焦虑综合征的所有其他感觉都是有条件的。恐惧和焦虑的基本模式都是因第 8 对脑神经的至少一个分支受到刺激而引发的。人类对噪声的恐惧不是遗传的，也不是本能的。然而，在所有正常的婴儿中，由于他们的解剖结构相似，这种反射都将是第一个条件反射。

恐惧和焦虑在这里被看作来自器官和内脏的冲动到达中枢神经系统的感觉。我们稍后将看到，所有的情绪都与到达自主神经系统支配的器官、肌肉等产生的神经兴奋相联系。这种冲动到达中枢神经系统的高级中枢时，就是情感。弗洛伊德认为焦虑是神经症的核心问题，因此他写了一本书《焦虑和神经症》(*Inhibitions, Symptoms and Anxiety*)。保罗·席尔德（Paul Schilder）发现眩晕也是如此。我引述他的文章如下：

> 前庭器官的功能障碍通常表现为两种互相冲突的心理倾向，且此种表现几乎可见于每一个神经症患者。神经症可引起前庭神经节的器质性改变。眩晕是自我在遇到危险时发出的信号，当自我不能执行来自多个感官的综合功能时就会发生眩晕；但眩晕也可以在以下情况下发生，即当动作和姿势冲动相互冲突，欲望或想法与努力不能统一时。从焦虑的心理层面上讲，眩晕也是非常重要的。前庭器官是一种器官，

其功能是避免人体的各种功能相互割裂。

在这一点上，我们可以引用保罗·席尔德的一段文字，这段文字反映了一种接近我们主题的方法：

> 我们认为，这种只接收半意识印象并导致本能和原始类型活动的感觉器官，会对情绪非常敏感，因此会在神经症和精神病中发挥重要作用。它会做出强烈的反应，我们甚至可以看到心理上的改变会立即在前庭器官和身体张力上表现出来。前庭器官的变化将反映在心理结构上。它们不仅会影响身体张力、自主神经系统和身体的姿态，还会改变我们的整个感知器官，甚至是我们的意识。基于上述的认识，我们认为，对前庭器官的研究可能有助于理解精神病和神经症。

在追踪了焦虑的生理来源和基础之后，我们就可以为神经症的治疗开辟新的途径，在某些情况下还会改变现有的神经症的治疗思路。焦虑无论以何种形式出现，都与构成先天的坠落反应的一系列非条件反射有关。因此，任何治疗都可以被看作旨在消除一种条件反应，并形成一种更合适的反应。因此，焦虑的反复性可以用间接的方式来解释。通常，不完整的心理治疗并未使躯体神经路径发生改变。因此，条件反射并没有完全消除。由于治疗的中断，受间接影响的肌肉习惯通常不会发生改变。从技术层面来讲，旧的条件反射将被逐渐重建或强化。

无论这个问题多么重要，我们的目标并不仅限于此，而是更广泛的。我们已经看到，对坠落的恐惧首先会引发反重力肌肉抑制，而焦虑与这个过程有关。在研究了不同的本能之后，我们发现除了恐惧之外没有其他的本能会抑制身体运动。现在，"能"和"不能"的问题基本上就是一个"做"的问题，也就是肌肉活动。

人类即使什么都不做也需要非常复杂的肌肉活动。因此，我们需要对与慢性或习惯性肌肉收缩有关的所有现象做出新的解释，对与平衡有关的神经机制进行更深入的研究。无论如何，我们有必要更仔细地研究问题之所在，并回答一些与之相关的问题。

这里有一个问题：为什么准备发动攻击的动物会咆哮，看起来它好像在没有被发现的情况下放弃了接近猎物的巨大优势？发出突然性的巨大噪声有两个好处。首先，近距离突然出现的巨大噪声会引发猎物的坠落反应，即屈肌剧烈收缩，从而暂时抑制伸肌。这样猎物会在短时间内停在原地，攻击者有更好的机会攻击一个固定的目标而不是一个逃跑的目标。然而，自然法则并不偏爱某一物种。屈肌的强烈收缩有助于大大增强即将发生的伸肌收缩。抑制状态越长，伸肌伸展越强，随后由于神经诱导和牵张反射而导致的爆发性收缩就越强。攻击者和猎物都获得了某种优势。捕食物种和被捕食物种之间的正常平衡状态取决于多种因素。顺便说一下，这种平衡是随着气候周期的变化而不断变化的。

咆哮的第二个好处是它对发出吼叫声的动物本身的作用。咆哮时，空气从肺部排出有助于膈肌的有力收缩，减少兴奋。人类也是如此，在做动作时发出低沉的声音，同时呼气，如发出"嘿"或"哈"的声音，可以让腹部向外推，更容易产生更大的力量。

神经系统某个点的兴奋如果足够强烈或在很短的间隔时间内重复发生，就会扩散并传播到邻近的中枢，这是一个公认的事实。达尔文在他的《人类和动物的表情》一书中给出了一些例子。下文引用该书"思想者图书馆"（Thinker's Library）版本的第80页内容：

> 某种原始动物一旦从习性上变成半陆地状态，就会经常出现灰尘颗粒进入眼睛的情况，如果这些颗粒不被及时冲洗掉，就会对邻近的神经细胞造成很大的刺激，从而刺激泪腺分泌泪液。由于这种情况会经常发生，而且神经冲动很容易沿着习惯的通道传递，所以轻微的刺激就足以引起眼泪的分泌。
>
> 一旦这种性质的反射作用形成并变得容易激惹，其他的刺激物（如冷风、炎症作用或触碰眼皮）也会引起大量的眼泪分泌。腺体也会因邻近部位的刺激而兴奋起来。因此，当鼻子被刺鼻的气味刺激时，虽然眼睑可以紧紧地闭上，眼泪却能大量地分泌出来，鼻子受到撞击时也是如此。脸上受到刺激也会产生同样的效果。在这些情况中，眼泪的分泌只是附带的结果，并不是直接的反应。由于面部的所有这些部位，包括泪腺，都由同一条神经，也就是第5对脑神经支配，所以其中任何一条神经的兴奋作用都会扩散到其他神经。

为什么我们会在看太阳的时候打喷嚏？为什么我们会在悲伤的时候哭泣？如果用现代的条件反射理论来解释的话，上面所引证的话就是答案。许多其他事实的解释遵循一样的思路。

我们已经观察到，与坠落刺激一样，在婴儿的听觉分化之前，也就是在婴儿还不能区分不同的噪声之前，只有高分贝的噪声才会引起他们的反应。成人已经学会了抑制那种对经常出现的高分贝噪声的反应，但在一些意料之外的高分贝噪声出现时仍然可以出现这种反应。

引用《斯塔林人类生理学原理》（*Starling's Principles of Human Physiology*）中的一段话："听觉反射……根据刺激的强度，可能只有眨眼睛，或者，如果声音很大，眨眼的同时也会屏住呼吸。如果刺激更强，除了上述反应之外，所有的动作都会暂时停止。当非常大的声音响起时，四肢就会失去张力，身体就会跌落。"

贝凯希（Békésy）教授在他关于听觉的经典研究中指出，噪声会在半规管中产生漩涡，使头部反射性地向噪声源倾斜。他在他的"模型耳"上重现了这种现象。这可能是听神经的耳蜗分支的兴奋扩散产生的一种反应，仿佛前庭神经已被激发。扩散是由突触的结构和它们的单向导电作用（valve action）控制的。因此，我们需要了解前庭神经的兴奋是否会产生听觉反应。当兴奋持续时，它似乎会暂时抑制听觉。如果一个人在与他人交谈时突然摔倒或滑倒，在翻正反射起作用期间，他对他人说话的声音只有模糊的印象。

我们已经看到，任何通过一系列连续条件建立起来的焦虑复合体，都必须从听神经和前庭神经对坠落感觉的先天反应开始。听神经和前庭神经的兴奋会引起一系列的反应，如屈肌收缩、呼吸停止、脉搏加快、出汗、脸红，甚至排尿或排便。这些反应有多少会发生在婴儿身上，取决于最初刺激的强度、持续时间和突然程度。屈肌张力增加、呼吸停止、脉搏加快，是所有兴奋刺激都会诱发的，哪怕是最轻微的兴奋。大多数时候，在兴奋的刺激下，人的脸色会发生变化，也会出汗，但这些变化很细微，只有敏锐的观察者才能觉察到。成人能有意识地觉察到这些反应，一般也已经学会控制和抑制这些反应。

　　由于思维习惯，我们会不由自主地把进化的原因和目的看作某种智慧的产物，比如我们自己的智慧。事实上，我们可以为每一种反射找出无数个全新的理由。如果我们检视强光照射时眼睛的反射性闭眼，我们可以看到的直接效果是闭眼这个动作切断了来自视网膜的强烈刺激。接下来，眼睛保持在低光强的状态下，瞳孔扩张，这样当眼睛重新睁开时，就能够区分正常光强的物体。如果不闭上眼睛，瞳孔会因被持续照射而缩小，这样眼睛要过很长一段时间才能正常看见东西。在每一种反射中，我们都能分辨出相同的阶段——消除或减少刺激效果的即时反应，以及通常趋向于消除该反应对机体造成的干扰，并使机体恢复正常。

　　跌落的刺激同样会产生一种干扰，从而激发翻正反射。这里需要注意的重要一点是，由膈肌和心区的功能紊乱所引起的恐惧和焦虑感实际上是通过维持屈肌的收缩而减弱的，尤其是腹部区域。跌落时身体屈肌收缩以保护头部不撞击地面，并通过脊柱拱起来加强保护作用。在成人身上，同样的反应会让他低头、蹲伏、屈膝、屏住呼吸，同时，四肢会靠近并保护身体柔软的、无保护的部分——睾丸、喉咙和内脏。这种姿态为身体提供了最好的保护，并增加了安全感。屈肌的持续收缩有助于身体恢复到正常的、不受干扰的状态。抗重力伸肌的部分抑制破坏了直立的模式，完全抑制则意味着面朝下跌倒。在这种蜷曲或蹲伏的姿态中，来自内脏和肌肉的刺激或冲动到达中枢神经系统时会激发如婴儿在母体子宫里的安全感，并帮助平复脉搏和恢复正常的呼吸。所有的大关节处于弯曲状态时，血液循环的阻力将大大增加，脉搏也会变慢。然而，心肌必须有能力做出额外的努力来收缩心脏，以应对突然增强的血液循环阻力和心脏内较高的压力。事实上，这是最初对跌倒的恐惧导致血液中肾上腺素含量增加而造成的。

每当个体缺乏主动抵抗的手段或怀疑自己的能力时，就会恢复这种屈肌收缩模式。此时，伸肌或抗重力肌被迫部分受到抑制。根据我自己的观察，所有被归类为内向的人都有一些减少伸肌张力的习惯，比如，头部或髋关节都异常前倾，其身体的转向不是以最简单的直接方式，而是通过迂回的方式实现的。外向的人站姿和步态更直立。

总的来讲，从内脏、肌肉和躯体到达中枢神经系统的每一种冲动模式都与某种情绪状态有关。肌肉收缩是自主可控的，它创造了一种力量感，以及对感觉和情绪的控制力。事实正是如此。每一种情绪状态都对应着一种个人的肌肉收缩的条件模式，没有它就不存在某种情绪状态。

许多人知道如何控制自己的生理反应，比如抱着头来防止头痛，或许多其他类似的情况。但他们由于担心被人笑话，不敢说他们使用了某种方法。此外，另一些人则把这个过程阐述成精神控制身体的理论。所有性格内向和外向的人在学习控制内脏功能时，首先都是通过控制随意肌的收缩来进行的。他们形成特定的个体模式以唤起幸福感。这有助于防止焦虑模式的反复出现。

我们现在可以理解过度伸展颈椎和腰椎是如何成为一种习惯的了。我们很少看到幼儿头部姿态的不平衡。除了解剖结构的差异外，很少会有自发的肌肉控制障碍，头部在所有情况下都会保持反射性平衡。反复的情绪剧变会使孩子采取一种能为自己带来安全感并有助于减轻焦虑的姿态。我们已经看到，这种被动安全是屈肌收缩和伸肌抑制带来的。因此，在所有情绪失常的人身上都可以观察到自发但非刻意的伸肌抑制的情况。从长远来看，这将成为一种习惯，而且不会引起人们的注意。最终，整个人的外形特征都会受到影响，如部分受抑制的伸肌变得无力，髋关节屈曲，头部前伸。

反射性直立的模式被打乱，神经系统发出相互冲突的指令。更低层次的抗重力机制倾向于把身体带入正常的强有力的状态，而为避免焦虑又使其重返蜷缩的安全模式。现在，有意识的觉察先倾向于一种趋势，然后又倾向于另一种趋势。抗重力机制不停地工作着，就像所有疲劳的神经功能一样，它们最初是过度活跃的，因此形成了抗重力伸肌的强直性收缩和条索状结构。然而，过于强烈的意识控制阻止了反射性直立。通过催眠或其他方式放松意识控制，并立即直立站立起来，可以改善关节面解剖变形的程度。在这种情况下，有必要明确区分觉察和意识，或者是自愿的不同，与之相对立的是遗忘或反射。

处于上述不幸状况中的人生活在有意识的理智层面。他们身体的所有功能都受到自主指令的干扰。有意识的控制力和意志力在受到适当引导时，常常可以改善一些细节，但理智不能代替活力。对生活的徒劳感、倦怠感和放弃一切的想法，正是对更适合反射性和潜意识神经活动发挥作用的任务进行过度的、有意识控制的结果。在整合功能以适应当下客观真实的情况时，有意识的控制是至关重要的。我们应该把成功的内在机制留给神经的自我调节功能。至少，从目前对神经系统的认识来看，我们只能以那些经过最佳调节的和最成熟的样本为典范——他们不会滥用意识控制，且具有更丰富的主观真实。

小结

当前的外在影响因素，或过去已遗忘的外在世界的痛苦经验，会引起我们内在的变化，从而改变我们的行为意图和行为方式。你就像自己所期待的一样好，当然也比自己所认为的更有创造性，可以拥有比你知道的更多的选择。如果你知道自己正在做什么，更重要的是知道自己是如何"使用"自己来行动的，那么你就能按照自己想要的方式做事。我相信，这个世界上最重要的忠告"了解你自己"——是由一个了解自己的人首先提出来的。

第六章　温故知新

　　到目前为止，我所说的只是扩大了我们关注的范围。也许有人会说，我们"没有"骨架、肌肉、腺体、神经系统，等等。他们会说，"我也同意，我们就是所有这些东西"。我们将在后面看到语义学并不总是吹毛求疵。由于语言文字有多种含义，很多的错误已经成为习惯，故而我们一直接受的那些并不一定就是它原本的样子。

　　再仔细探讨一下我们已经讲过的内容。我们都知道，我所列举的我们身体上的这些结构，如骨架、肌肉等，没有一个是一开始就如在成人身上看到的一样。事实上，它们在成人身上也在不断变化，但由于变化速率太慢，似乎没什么意义，因此也就无关紧要。在生命初期，构成人体的各部位的变化速率是惊人的，最初的细胞通过细胞分裂翻倍增长，在 9 个月后，大约有 1/4 成人身高的婴儿来到这个世界上。新生儿从头顶到脚跟的长度大约是 50 厘米，体重约为 4 千克，之后会逐渐增加 15~20 倍。如果从细胞分裂的速率和总数来看，58 次分裂中的 56 次一定是在 2 岁之前发生的。在孕期的第 2 个月，胎儿的大脑大约重 2.6 克，相当于胚胎重量的 43%。

成人的大脑重约 1500 克，但只占身体总重量的 2.4%。2 岁的时候，儿童的神经系统的发育程度已经达到它最终状态的 4/5。从胚胎期到儿童早期，成长的速度会不断减慢，且减慢的速度越来越快。到了 2 岁或 3 岁的时候，儿童神经系统具备了大部分功能，只有特定的人类功能，如动作和性，尚未成熟。演讲、写作、音乐、数学技能，以及将演讲和音乐结合的技能仍在发展中。

当我们谈到骨骼、肌肉、神经系统和不同的环境时，我们并没有意识到，我们所说的是一个各项功能都已发育成熟或成熟度相似的成人。因此，这个概念是根本不成立的，对人类来说，认识到这一点比其他任何事情都重要。

认识到人与人在生物学上的差别也是很重要的。比如说，你可以从一个人的某个部位移植一小块皮肤到他身体的其他部位，无意外的话，两处伤口都会愈合，不会出现什么问题。但是，如果将某个人身上的皮肤或器官等移植到另一个人身上，排异反应可能会杀死接受移植体的人，除非他自己的免疫功能被人为抑制，或者移植体来自同卵双胞胎。

一个人大脑各部分的相对大小与其他人非常不同。我们的生物构成就像我们自己的指纹一样，是独一无二的。成人身体的所有功能或多或少都相同的说法是非常误导人的。事实上，我们的很多常识都是建立在那些不合理的、非理智的假设之上的。人有许多相似之处，但又有各自不同的行为、动作、感觉和感受方式，这使得每个人都是独一无二的。在工作中，我都是根据他们的独特性来对他们进行区别对待的。

科学家可能会说，如果我们想正确地思考事情，就必须知道它存在的位置——特殊的定位或坐标系，以及它发生的时间——一个时间的参照系统。骨骼、肌肉、神经系统、精子和卵子所处的环境，以及 6 周大的胎儿及其出生时的环境，每一刻都明显不同。我们在每一分钟都是不同的，但我们可以选择有规律的时间间隔来评估状况。

合乎情理也未必就是好事。我曾经试图遵循一个不会引起异议的推理。然而，重读前面几句话时，我通过自己的思考发现其中合理的废话和其他人的合理的废话一样多。科学家希望得到的情境能使别人、在别的地方、在另一个时刻检查结论变得容易（可重复性）——这是非常正确的。但是这样的方法怎么能用在胚胎和胎儿身上呢？——它们有相似之处，但永远也不可能完全一样。我的成长与你的成长有很多共同之处。我们可以成为统计调查中的元素，是因为我们足够相似，但一些细节有很大不同。然而，此刻有一个不能忽视的不同：我在写作，而你在阅读。还有很多其他因素可以造成人与人之间的差异，包括环境——社会的、经济的、种族的，以及其他的，如教育、职业、立场、兴趣、观念等。总之，单靠分析不足以描述研究中的现象。必须综合考虑，尤其是考虑研究对象成长的历史。分析对于了解共同特征是有用的，而从整体的角度来考虑，则更能理解他们如何成长为不同的人。

活的有机体是一种功能结构，与人造机器不同的是，功能会造就结构，而结构又是功能的一部分。在成长过程中，结构和功能相互影响，因此，判断真伪的因果关系只能作为参考。但是，对我们的论题来说更重要的是，我们停下来并选择时间间隔来进行分析，从而将一个动态的、不断变化的成长过程变成一系列静态的序列或镜头。我们逐渐专注于现象的静态特征，因为静态特征比动态特征更容易理解，以至于忽视生长和功能运作的过程，扭曲研究主题，使主题变得模糊。我们变得如此不确定，我们需要很多托词来减轻怀疑、不安和恐惧引发的痛苦。

你我的大脑都是长期进化的产物，我们的神经系统是现存最复杂的结构之一。大脑中很古老的层被不太古老的层覆盖，不太古老的层又被较新的层覆盖。每一个新层都是一个功能更精细的层。很古老的层是原始的，以全有或全无的方式运作。每一个新层会控制旧的层并取代它们。新形成的层功能更为精细，并使行动更为分化。旧的结构运行更可靠、更快、需要的学徒期更短。在紧急情况下，较新的层会自动关闭，让运行更可靠、更快的层接管大脑的运行以确保生存。一旦紧急情况结束，更精细、更多样的新层将重新接管。老的结构并没有被摧毁，只是隐蔽起来，不那么明显，但在紧急情况下它们是必不可少的。在任何不能从容应对的情况下，大脑都将产生一种退化，也就是说，旧的结构将会接管。神经结构越新，其运作速度就越慢。多层级的变化和多样性需要时间和学徒期，大脑会在权衡利弊得失、深思熟虑后做出选择。

如果踩到香蕉皮，身体在滑倒之前不能回到直立状态，将会危及个体。只有大脑中古老的层能够在不用思考、犹豫和决策——也没有时间让它们这么做——的情况下处理这些问题。恢复平衡之后我们才有空闲去思考，并可能做出决定去清理人行道上的香蕉皮。但如果没有香蕉皮使我们滑倒，就不会引出翻正反射，也不会有合乎逻辑的清扫，这是一个两难的问题。旧的结构必须在几分之一秒内运作，而新的结构的运作需要更多时间。神经系统的工作方式与我们的社会组织类似：只要有电，我们就不会用蜡烛、煤油灯或其他更古老的照明方式，但如果停电了，我们就会使用蜡烛和煤油灯。

在成长过程中，胎儿将从最古老的构造开始，然后迅速地经历不同的进化阶段，不过进化过程很少按时间先后顺序进行。在胎儿的早期，它们的下颌看起来像鱼的鳃。与横向的脊柱位置相对应，小脑有一条中央纤维束，因为运动是围绕脊柱顺时针或逆时针旋转或滚动。婴儿出生后会逐渐学会如何翻身、俯卧，再回到平躺的姿势。直到大脑和小脑发育最晚的结构成熟到可以组织这种或其他更复杂动作之前，鱼的古老进化遗存都会确保婴儿能进行像鱼一样的水平滚动。当严重退化时，躺的姿势和滚向一边的动作可能退化为唯一可用的动作。小脑发育完全后，将参与人的站立、姿势和平衡。这只是对原理的说明，而不是对确切过程的描述。然而，值得注意的是，以脊柱为轴旋转，即向左或向右旋转，是直立的身体做得最频繁的动作。但现在，头和所有与距离和空间有关的感官，在大部分时间里对身体向左右转动都起着主要作用。

在二战期间，我开始使用个人手法技术"功能整合"和团体技术"动中觉察"为别人服务。那时，我整节课都只针对学员的身体一侧进行工作。在整个过程中，学员身体的另一侧都保持被动或静止不动。我想创造出最大可能的感官反差，同时也促使学员对自己身体的差异有所觉察。我认为大脑一侧皮质和身体相应一侧的不同组织的感觉会慢慢扩散到另一侧。这个人会在几个小时内感觉右侧与左侧的活动和表现不同。因此，他将直接从他的大脑和他的内在开始进行自我学习。通过自己的感受和判断，他会把（学习到的）更好的模式转移到大脑的另一侧。

我的朋友——《人之上升》（*The Ascent of Man*）[①]一书的作者雅各布·布罗诺斯基（Jacob Bronowski），对我的发现——大脑的另一侧会从参与的一侧那里学习，而不是相反——是这样解释的：如果内在感觉没有任何偏好或趋向于最佳状态，动物就无法生存。基于同样的理由，他认为，一个随机移动的捕食者更有可能找到猎物，否则，捕食者将无法生存。他相信神经系统会支配动物做出看似随机但实际概率比 50% 稍微高一些的行为。同样的道理，猎物可以通过随机移动找到水。他认为，如果你觉得早上必须带雨衣，那么今天下雨的可能性将比不下雨的可能性大。

当我开始使用这种只在单侧进行操作的技术时，我对大脑两个半球具有不同特性一无所知。我经常从一侧开始操作，而在其他时间再对另一侧进行操作。我发现有些学习在右侧比较容易，有些学习在左侧比较容易。我清楚地记得那一刻，即我学习到所有的人类学习活动，如说、读、写和计算，主要是左脑的功能的时刻。当只做右侧时（我是右撇子），更容易注意到动作的细节；而在做左侧时，则只需要用想象的方式学习，就可以将右侧的学习过程和效果转移到左侧来。与右侧相比，采用想象的方式在左侧进行学习的时间只是右侧的 1/5。此外，左侧动作比原来努力练习的右侧更流畅、更轻松。我也经常从左侧开始做动作的构建，然后在右侧进行心理再现。先从左侧开始操作与先从右侧开始操作会有所不同，但不是那么明显。大多数学员在敏感度大大提高之前不会感觉到差异。

---

① 该书有两个中文版本，即 1988 年四川人民出版社出版的《人之上升》，2002 年海南出版社出版的《科学进化史》。——译者注

第七章　主观真实与客观真实

"真实"（reality）一词，像许多其他美妙的词语一样，是为了解答我们经常出现的好奇而创造的。当我们没有办法"真的"满足好奇心时，我们就把所有的动觉聚集在一起，通过一个词来表达，从而把它们带到我们的意识中。发音，甚至内心感受到、看到或听到某个词会激发好奇心，但若能将之表现为令人满意的行为，我们也会以相同的方式不再好奇。

通常，我们谈论的"真实"，是正在发生的事情或已经存在的事情，它们不是想象出来的，因此不可能不存在。就像对待文字一样，对于熟悉的词句，我们对它们看似有了一点了解，但再仔细一想，我们就对自己是否真正理解产生怀疑。想象的东西存在吗？存在（exist）是什么意思？只有真实的东西才存在吗？如果是，什么是真实的（real）？只有我们用感官探索到的东西才是真实的吗？我发现，我们很容易把任何语句变得模糊、不清晰，或完全同义重复。《牛津英语词典》对"real"的解释是："作为一件事物实际存在"或"作为一个事实发生"。想象是事实或真实的吗？或者想象仅仅是一种假想的存在吗？这可能看起来只是吹毛求疵，当做一项对我来说很重要的活动时，我觉得自己在吹毛求疵。然而，这是一个关键的问题，因为它关系到我们是否知道自己所谓的"知道"是什么意思，是否知道什么是真实的，什么是客观的，而什么不是。最重要的是，这和你我有关系吗？如果有关系，是以什么方式？

让我满意的解决这个问题的方法是关注我正在做的事情，并考虑所涉的行动。我将其还原到本质，然后，看看对于我称之为行动的动作，可以有哪些更多的发现？这种事情我也能感觉或感受得到。动作、感觉、感受和思考，以及我正在处理的事物，以我所能体验到的最具体、最真实的方式共同造就了我。我能得到的最具体的东西是：在我的成长过程中发现我的行动能力、感觉能力、感受能力和思考能力，并体会到自己如何使用这些能力。若非如此，我的思维会变成一种过于模糊的感觉，以至于没有办法与任何一个不能建立感官接触或不能分享我的感觉的人进行分享。

我认为新生儿对自己之外的世界知之甚少。我之所以说"我认为"，是因为我真的不知道这是不是真的。然而，我预测，理论上（谨慎一点，我应该说"从理论推测上讲"），一个新生儿对突然坠落的反应应该如下：收缩他所有的屈肌；如果他已经有呼吸，就会屏住呼吸，脉搏加速；如果他的身体是干燥的，就会变得潮湿。如前文所述，我确信他们前庭器官已经进化到一定的程度——如果婴儿从树上掉下来，但他的神经系统没有对坠落有任何反应，那他不可能活下来。这意味着，对耳内半规管的强烈刺激会使坠落的身体屈肌收缩，从而使后脑勺不会撞到地面，且撞击点会是靠近重心的拱形脊柱的某处。坠落的身体可能或多或少会受到伤害，但它可以使婴儿从 3 米或更高的高度坠落时免于重创。

我们发现，有些事情是新生儿所熟悉的，如果我们被不加思考的想法冲昏了头脑，那这些事情乍一看似乎都是无稽之谈。我们忘记了，母亲和她体内的一切都受到了地心引力的影响，而婴儿在出生前也曾经体验过被浸泡在液体中保护。甚至可能有某种知识是通过基因传递的。其他动物的祖先会通过学习不断改进它们的生存手段，进化过程也会把这些有用的技巧赋予它们的后代。人类在出生时就能使用的来自祖先的有用"礼物"非常少。然而，人类继承了最有用的技能，那就是"形成自己的技能的能力"。在自己的环境中，每个人都有能力通过自己的经验获得生存所必需的方法。

除了这种对外部世界（或者说是内部世界）的意想不到的熟悉之外，婴儿刚出生时还能感觉到触摸、冷热、干湿，听见巨大的噪声，还有某种程度的视力，但我相信他对外部世界的其他实践知识知之甚少或根本没有。每当听到自己习惯性地说出某些话，比如上面这句话时，我就发现自己像一台机器一样思考，尽管可能是一台聪明的机器。

无论你信与不信，新生儿具有相当丰富的听觉体验。他能听到为他注入生命的有规律的心跳，能分辨打喷嚏和咳嗽，知道各种咯咯声。山达基信徒（Scientologist）和前戴尼提信徒（Dianeticist）[①] 会告诉你其他可能的噪声，你应该可以想象出更多

① 戴尼提（Dianetics）是由美国哲学家、科幻小说作家 L. 罗恩·哈伯德研究发展出的一套精神、心灵和身体之间关系的理论，是山达基理论的基石。——译者注

的即使是国王和诺贝尔奖得主也会发出的噪声。的确，由于思维和讲话的习惯，我犯了一个严重的错误，我应该说女王和女性诺贝尔奖得主。我们的言语是如此机械，或被习惯所束缚，如果言语意味着思考，我作为人类的一分子，为我们所有人感到羞耻。

在我看来，新生儿主要是通过感觉皮质来体验外部世界的。一开始，他只知道一种感官的主观真实——这是一种美好的真实，也是一种无所不能的感觉。不论是否同意，他在余生只能任由这种无所不能的感觉逐渐减少。如果他是幸运的，这不会完全变成消极的，但是很少有谁逃过这种厄运，至少有一些会变成自卑感。一开始，新生儿让周围的每个人都关心他的幸福。他的一声哭泣，或一个不满足的动作，就会调动周遭的一切，包括所有人，使他所需要的一切都得到满足。

对我们的情感、精神和身体的幸福而言，主观真实是第一位的、丰富的，也是最重要的。它就像我们的身体和我们的遗传一样可靠。婴儿肯定会逐渐成长。我们不能忘记，他的感官并不只从身体之外获得信息。从最早期的阶段开始，他就被整个物质支持的内在需求所驱使。神经系统、腺体、消化组织、清洁器官、皮肤、大小便都提供了大量的、远远超出我们想象的感官刺激。

渐渐地，肢体和眼睛的运动肯定变得更加有趣，占据了他清醒时的大部分时间。在过去的几十年里，我对此进行了无数次的观察和反复核对，因此，这些观测结果是非常可信的。1947年，我在创作《身体与成熟行为：焦虑、性、重力与学习》的时候，还找不到很多关于婴儿在出生时、3周时以及之后其他时间眼睛状态的文献。他们是在看远处吗？他们的双眼能聚焦吗？为了看近处的物体，我们会把双眼聚拢；为了看远处的物体，我们会把眼球的轴线调整到相对平行的位置。事实上，婴儿在出生几分钟后就有了做出坠落反应的能力。自从我开始相关研究以来，基于好奇和未经训练的业余观察，我已经积累了相当多的可靠知识。

观察婴儿的动作发展过程就像看一个关于成长和学习的故事一样有意思：他们首先能够进行初步的、非有意的屈肌收缩；之后身体可以翻滚到一侧，维持趴着的姿势；再之后背部伸肌变得强大，并足以让他在趴着的情况下抬起头。趴着时抬起头与其他任何抬起身体部位的练习都不一样。抬起头时，背部肌肉会强有力地收缩，直到眼睛能够看向地平线；头抬起来，这样脸就会处于未来直立状态时所面对的方向。看看你的家庭相册，也许你会发现，你当时的抬头状态比现在要好很多。

我相信，耳内的耳石——纤毛末端的"小石头"，在完全垂直时产生最大的神经冲动——固定头部，使眼睛能最舒适地看到地平线。我也相信，在胎儿离开母体来到这个世界之前，其头部朝下转动身体时，足以让耳石产生最大和最小的刺激。它类似于在校正电子测量设备时先让指针精确到零，这样可以确保读数在测量范围内都是正确的。

我再说一遍（我相信这是真的，但我不确定它是否真的这样；即便如此，如果事实证明这仅仅是一个猜测的话，我仍会感到惊讶），我有 40 年左右观察人以及他们的坏姿势（欠缺有组织的意向动作）的经验，也经常发现耳石校准期会因为环境改变而大幅缩短。

逐步地，主观真实将让位于一种慢慢增长的特殊类型的综合感觉——周围人的赞同或责备的感觉。家长、老师、客人会说："好孩子！"或者带着相应的面部表情说："哦，别这么做。"渐渐地，这个正在慢慢向成人生活迈进的"学徒"就会明白，他最珍视的一些主观真实，对于那些为他提供需求的人来说是不可接受的，尤其是那些时刻为他提供关怀和关爱的人。他慢慢地发现，他的主观真实只有一小部分是被他人接受的。或者更确切地说，婴儿只会觉察到被他人赞同的那一部分主观真实。相对于觉察不到逐渐缩减的内部生命的总体性而言，我们更容易觉察到每一次发生的不被赞同。

全能感（仍然存在，却没有被感知）正在以一种难以理解的方式削减。婴儿站在椅子上玩得很开心，抱着椅背来回摇晃，这时，父母会带着关切的表情快速走过来，并以孩子不习惯的力度和最权威的方式阻止孩子这么做。而事实上，很少有婴儿因为这样做而受伤。天生的对坠落的恐惧要么会抑制婴儿摇晃椅子的幅度，要么婴儿会在椅子倾倒之前及时滑出去，这只会使他们受到惊吓或轻微挫伤。然而，看到这一幕的人却无法接受可能会发生的婴儿后脑勺撞击地板的行为——尤其是在不能排除严重受伤和内出血的情况之下。我们现在关心的不是教育孩子的方法，而是客观真实。在"客观真实慢慢成长，主观真实则慢慢削减"的过程中，"尝试任何事情以观察会发生什么"的好奇心，也就是我们所谓的全能感，正在减少。

从这个角度来看，我们在周围所有成人身上所发现的一切行为和观念，最终将构成我们所有人的客观真实。因此，客观真实必然是整体主观真实的一部分。部分主观真实不受阻碍、不受干扰地发展，纯粹是因为运气好，因为父母不知道"怎么做"。主观真实就像我们的生物构成一样健全。客观真实反映了我们作为人类社会的一员，作为一种文化甚至一种文明的一部分的成长。

　　我们所处的社会环境中的行为反映了我们的客观真实，是我们心智健全的一个衡量标准。假设我说我喜欢或讨厌巴赫的音乐，人们——如果他们不是流行音乐的狂热者——可能会认为我有很好的音乐品味，或者我根本不懂音乐。我和判断我的品味的人处理的是一种主观的事情——品味，这是私事，没有什么大不了的。一个古老的希伯来谚语说，对于味觉或嗅觉，没什么好争论的。另一方面，假设我固执地认为我自己就是巴赫（通常更像拿破仑，偶尔也像耶稣），并且希望你们像对待巴赫一样对待我，那么，只要我在足够长的一段时间里一直无意识地这样做，就会被关起来。是否能心照不宣地接受客观真实，是衡量你我心智是否健全的标准。如果我们违背、抵触或反对这个"受了社会生活影响的主观生活"的真实，那么作为社会成员，我们的心智健全程度就会受到怀疑。在这里，我们可以看到一种对付被社会排斥的人的有效方法。但，目前还无法清楚地找到一种有效的方法。在内省的时候，我们通常会在自己身上发现一些因害怕会被判定为精神失常而加以抑制的行为。即使是现在，对大多数人来说，精神错乱只是表示大脑有某种疾病或缺陷。

　　我已经多次说过，客观真实只是主观真实的一部分。我花了很长时间、进行了大量的工作才得出这个结论，也看到了这个结论的效用。由于缺乏更简单的解释方法，我们依靠进化论，在宇宙的总体格局中，以真实的视角，将进化论作为被证实和最可接受的方法来看待生命与自己。目前，要从总体上看待生命，没有比进化论更好的方法了。这一理论的老对手，不时地认为他们发现了新的缺陷，但总体而言，这一理论得到了改进，并被普遍认为是可靠的。

我上面所说的关于主观真实与客观真实的情况，是很不容易理解的。我自己也在反复思考这一问题。所有哺乳动物神经系统的进化表明，真实的主观世界比客观世界要大得多。我们可以从神经系统的结构中清楚地看到这一事实。

神经细胞的数量通常被认为是 3×10^{10} 个。我们通过感官（如听觉、视觉、嗅觉、味觉、触觉）了解客观真实（如冷热、干湿）。我们会以为，告知我们外界环境信息（也就是我们所认为的现实）的神经元数量应该在整个系统的全部神经元数量中占很大的比例。耳的基底膜（basilar membrane）上有大约 1 万个神经细胞——两只耳则有 2 万个。当然，耳内还有许多其他细胞（保守地讲，大约有 5 万个），但问题是它们是内部活动的一部分，还是说它们仅仅分析外界的声音信息。视网膜应该有 15 万个视锥细胞、视杆细胞和其他细胞——两只眼睛一共有 30 万个。我们鼻子的神经分布比较少，但我们的舌尖和舌头边缘有丰富的神经细胞，不管你怎样估计，两者所包含的神经细胞加起来应该不超过 5 万个。就我们的身体而言，指尖受到广泛的神经支配，但下背部每 4~5 厘米才有一根神经末梢。假设我们的体表面积为 1000 平方厘米，平均每平方厘米有 10 个神经支配，这样体表就有 1 万个神经支配，我们可以把它看成 2.5 万。把这些加起来，总数是 62.5 万。保守地讲，我认为这个数值应该是 300 万，甚至是 3×10^7 个（这有点夸张了）。所以在 3×10^{10} 个细胞中最多只有 3×10^7 个细胞在我们的内部传达外部世界的信息。每 1000 个细胞中只有不到 1 个细胞可以操作、分析、整合数据或者发挥神经系统的其他功能。你可能会非常赞同我的观点，即主观真实是非常丰富和复杂的——记住这样的事实：1 万个细胞中只有 1 个细胞会带进来客观真实的信息。

我们可以很容易地想象地球没有生命的那种状态。事实上，我们知道，地球大气层曾经没有氧气，上面的辐射比我们今天使用的 X 线更难让生命生存——那时确实也没有生命存在。只有当一连串的事件发生时，我们才有了一种能削弱辐射的大气，这样，地球上就有可能出现生命了。换言之，有一种"真实"，它孕育了主观的"母亲真实"——9 个月，以及客观的"父亲真实"——几分钟。

这个宇宙的"真实"是如此的巨大和具有压倒性，以至于我们最多只能得以一瞥。我们必须成为一个诗人、数学家、音乐家、哲学家，才能对无限、长度、大小、面积、物质、能量或持续的时间有一定的概念，但所有的东西都超越我们的想象力，更不用说掌握了。我们的知识是由人类最优秀的大脑付出如此多的努力获得的，然而它也只是衡量我们对这一真实"无知"的一种尺度，是对我们未来的挑战。

小结

我相信，人类的未来会更好，也会更有趣，甚至已经超越科学（人类最有力的工具）提供给我们并让我们相信的事。今天，所谓的"真实"只是外在历程和内在历程的总和，我确信我们能使这一历程发生改变。

第八章　动中觉察

中国有句古话："不闻不若闻之，闻之不若见之，见之不若知之，知之不若行之。"就像所有的格言一样，这句话并不十分正确，但却蕴含着智慧。我们不会完全忘记我们听到的一切，也不会完全记得我们看到的一切。然而，我确信，我们最了解自己能做什么。但我有"障碍""恐惧""束缚""抑制"和"强迫"，如果没有其他选择、其他解决方法，这些会限制我做事的方式。对所做之事的理解与能做什么事有关。我无法理解为什么我会感到无能为力，不明白我为什么沮丧，也不明白为什么今天我是如此充满活力和快乐。所以，即使做了某件事也不能完全理解。那么什么是理解呢？解决"绝对"的问题，然后你可能会有更好的理解。

由于我的膝关节有问题，我开始在自己身上"做工作"，或者更准确地说，我与自己一起"做工作"。当时，我还没有将使用手法的"功能整合"和团体学习的"动中觉察"进行区分，因为我还没有意识到两者有区别。然而，渐渐地，我发现我自己所做的事情并不简单，当然就此事与他人交流也比较难。我并没有和别人交流的意图，但碰巧有个同事，他是个物理学家，想要参与我正在做的事情。因此，我不得不与人分享我的经验。仅靠模仿我做事，他并没有得到想要的结果，因为他不知道如何去看，也不知道从哪里去看，更不能辨别什么是本质、什么只是细枝末节。他问的问题越多，我就越不愿意和他共事。我无法用三言两语清楚地解释我在做什么，这让我很苦恼。我发现我必须回到过去，去寻找自我导向（self-direction）、推理和感受的方法——这些是促使我做事的动力。我讨厌浪费时间并生自己的气；我不喜欢他刨根问底，而我自己对解释的无能为力又让我非常讨厌他的出现。

我在自己身上的工作对我来说就像是自我观察，我意识到自我检视（self-examination）包含了好的或坏的判断。令我烦恼的是，我必须检视自己，而当我独自一人时，我只能把自己作为一个移动的物体来观察。我更专注于观察我如何做一个动作，而不在意那个动作到底是什么。对我来说，这似乎使我明白膝关节问题的真正原因。我可以让我的腿重复一个动作数百次，也可以在好几个星期内毫无不便地步行。然而，突然间我做了一个我认为与之前一样的动作，膝关节却再次出现不适。很明显，这个动作和之前并不一样，所以对我来说，如何做动作比做什么动作更重要。

与别人分享我对自己所做的事情的感受，就像往水池里扔一块石头，打破了水面的平静。言下之意，我清楚地意识到，我正在处理一个自我导向的过程，而每一个特定的动作之所以重要，是因为它阐明了这个过程。对于我来说，这个过程显然是不完美的；对于其他人来说，这似乎也是不完美的。由于我不存在遗传上的问题，而且我的膝关节已经有一二十年不再有任何问题。所以问题的关键是找到我曾经尝试过的"学会自我引导的过程"。

没有一个婴儿在出生时就拥有完成成人动作的能力，他们必须在成长过程中学习。因此，作为一个成人，我必须重新学习我过去未能很好地学习的东西。我必须与他人分享的是"学会学习"。我不是老师，但他必须学习我是怎么做的，无论他看到我做什么，我首先要让他意识到学习和做是很不一样的。在人生中，一件事必须以适当的速度、耗费适当的精力并在适当的时间内完成。以上任何一个因素出现问题都将对行为产生负面影响，导致事情失败。达到预期的目的本身可以被认为是一种条件。目的可能只是为了移动而移动，或者为了跳舞而跳舞。然而，所有这些在生活中取得成功的条件都是学习的障碍。在人生的最初两三年里，也就是挖掘和奠定学习基础之时，这些条件并没有运作起来。

要想学有所成，我们必须按自己的速度前进。婴儿们经常笨拙地按照自己的速度重复新奇的动作，直到他们觉得够了为止。当意图和意图的执行好像是一个行动，感觉这个行动就像只是一个意图的时候，他们就会觉得够了。

一个成人学习打网球、高尔夫球或其他任何技能时，会反复练习，直到他觉得他的成就应该得到别人的认可，或者他通过真正的获胜得到认可。一个婴儿就不会这样做，一个成人也不知道小婴儿学习的速率。成人的赞赏会被扭曲成强加于孩子身上的所谓"正常"的学习速率。小时候，在家里或学校，我们和兄弟姐妹或其他孩子在一起成长，然而父母和老师都试图让我们成为他们以前那样，让我们用不适合自己的速率来学习。这种学习速率可能是我们需要努力一生才可以实现的。

在动中觉察课程中，学员的学习进程非常缓慢，慢到可以让你发现自己的学习速率与众不同。在这个过程中，你个人的雄心壮志和他人的学习速率不会对你的学习速率产生影响。在动中觉察课程中，每个人都被允许在必要的时间内理解动作的概念，并且也有足够的时间来适应新奇的状况。你有足够的时间去感知和组织自己，并照你想要的次数来重复动作。在课程中，我们不会使用哨子、节拍器，也不会使用特定的节奏，课堂上没有音乐，也没有鼓点声。你可以慢慢地学习，并根据自己的身体结构找到与生俱来的节奏。每个人都有自己的振动速率，就像钟摆一样。随着对动作的熟悉程度越来越高，动作的速度也随之加快，力量也随之增强。这可能不是不言自明的，但却是正确的。慢速地做动作，我们才有可能发现在做动作过程中产生附加的、多余的动作。行动中多余的用力比力量不足更糟糕，因为它让我们白费力气。在学习仍费力时，加快速度会导致困惑，使学习过程并不愉悦，还会产生不必要的疲劳。

学习必须是愉悦的，而且必须是轻松的。愉悦和轻松感会让呼吸变得轻松。否则，学到的东西很难变成习惯的、自发的。在动中觉察课程中，你会让不可能变成可能，让自身变得轻松、舒适、愉悦，最后得到美学上的享受。我相信，与新技能本身相比，学习新技能的方法更重要——新技能只是你学习后所附带的实用的奖励。你会觉得你配得上拥有这些新技能，这将有助于你建立自信。

为了能够将动作做正确，你首先必须想的是如何把动作做得更好，而不是如何正确地做动作，正确的动作意味着不再有进一步改善的空间。在好几届奥运会上，跳 2.04 米对于跳高金牌得主来说是正确的选择；但只要这被认为是正确的，即使是欧文斯（Owens）这样优秀的运动员也不能做得更好。今天，若想获得参赛资格，运动员必须跳过 2.20 米，许多人的成绩甚至高于 2.30 米。"做得更好"的想法让你的表现还能变得更好，而所谓的"正确"会限制你的提升。像努尔米（Nurmi）和拉杜梅格（Ladoumegue）这样伟大的跑步运动员，他们今天甚至连进入半决赛的资格都没有。"更好"意味着你还可以更好——"正确"或"准确"会让你永远保持在这个"正确"或"准确"的水准上，这会让人泄气。这不是在玩文字游戏：想象一下，当你感到自己没有做到最好，又觉得自己本可以再努力一点的时候，你的心态是什么样；与此相对应的，当你经过极大的努力依旧没有达到目标时，你的心态又是什么样，你会感到灰心丧气，也会觉得自己不够好。在第一种情况下，人们有继续再来的强烈欲望，而在第二种情况下则不是这样。

在动中觉察课程中，我会从动作的小的构成元素开始，有时某个细小的动作可能有 20 多种变化。动作的基本构成通常不会让学员发觉与最后的动作相关。在这种方式下，每个人都感到轻松自在，而不会急于全力以赴完成目标行为。这与主流的教育方法是相反的，主流的教育方法经常是在努力追求成功与成就。当我们把注意力从追求成功的欲望转移到实现目标的方法上，学习的过程就会变得更容易、更安静，并且更快速。对目标的追求会削弱学习的动机，但是通过在力所能及的范围内采取一定的行动，从而改进行动方式，我们最终可以达到更高的水平。

学习时，不要有任何"要做得正确"的意图，不要要求自己表现得很好或很优雅，也不要匆忙，因为这会造成困惑；相反，应该慢慢地做，用你刚好所需要的力量，甚至更少的力量去做。不要过度集中注意力，因为集中注意力意味着你不再关注周围的事。在生活中，集中注意力有时是一个有用的原则；但在学习中，注意力必须轮流转向背景和前景。在学习中，你必须先了解一棵一棵树，再了解它所属的那片森林。前景和背景的双向转换慢慢变得熟练后，一个人就可以在没有什么烦扰或刻意的情况下同时感知两者了。消除无用的附加行为将使行动比一味努力更有效率。不要太严肃，也不要急于求成或刻意避免任何错误的动作。像动中觉察这样的学习是愉悦感的来源，如果有任何东西消减这其中的快乐，就会使这些愉悦感减少。

在学习过程中，即使我们严格模仿，也不能避免犯错。对我们来说，学习意味着了解未知，而任何行为都可能导向未知。如果一开始就消除错误，你可能会对学习完全失去兴趣。当我们知道什么是正确的时候，错误就可以被消除；而一旦知道什么是正确的，我们就不再会有进一步的学习。简单的重复或练习会让学习者得到某种成就。动中觉察课程会让你获得对自身的认识，以及对自身先前未发现的资源的认识。因此，不要避免犯错，而是把它们当作你认为正确的备选项，这样你反而可能很快找到正确的行动方式。

我所用的"觉察"一词指的是"有意识地了解或知晓"（conscious knowledge），它不能和简单的意识（consciousness）混淆。我对自己的卧室和书房很熟悉，但我不知道回家的路上需要爬多少个台阶。这些年来，我有意识地离开家，也有意识地回家，却不清楚自家楼梯有有多少级台阶。如果我集中注意力，数一下动作的次数，比如转动眼睛，以及头部、手臂和腿部做的任何可能的动作，那么我就会觉察到之前我只是有意识地爬楼梯。一旦我意识到我如何将我的注意力从一个台阶转移到另一个台阶，我就觉察到了它们，也就知道了它们的数量。

同样的思路也可应用到我的书房。我用"觉察"来表示"意识＋了解或知晓"。在我一生中，我能意识（conscious）到自己可以有意地（intentionally）吞咽，但我并没"觉察"到我如何吞咽。没有人觉察自己是如何吞咽的。

说到觉察，我发现，即使是我的学生，也会错误地认为我是让他们在清醒的时候时刻觉察自己的所有行为。当我需要把右腿抬离地板时，我必须保持右髋关节的灵活性，也就是说我必须把我的大部分重量向左侧移（即使是一瞬间发生的）。在觉察到这一点时，我的学习能力增强了。一旦我学会了这种新的走路方式，它就变成了半自动的动作。即使如此，这个很好的走路方式只要受到一丝干扰，仍然会让我开始觉察并对这种方式加以控制。就我自己而言，我几乎可以用我两个有问题的膝关节做任何事情，这只是因为我能觉察到我要做什么，以及在我做出一个无法弥补的、不完美的动作之前我该如何做。但大多数时候，在正常情况下，我只是简单地、有意识地走路——就像我之前对自己有问题的双膝充满觉察地行走一样。当我踏上回家路上的台阶时，我不会每次都去数它有多少级。但我的觉察给了我这么做的自由，从而让我可以享受这种乐趣。

在学习绘画、演奏乐器或解决数学问题时，我们可以发现类似于动中觉察的学习过程。画家手拿铅笔、木炭或刷子，站在画架前，看着他面前的面孔或人物，思考着如何将其复制在画架的画纸或画布上。他看看眼前的面孔，再看看画布，掂量自己的手，并让手部放松，这使他更有把握画出他所看到的东西。然而，为了复制面前的面孔，他必须一遍又一遍地看，直到完全觉察他所看到的。是椭圆形的脸吗？眼睛是靠近脸的轮廓线还是更靠近中心？等等。在学习动中觉察课程后，他就能发现自己是在吸气、呼气时，还是屏住呼吸时画得更好、更流畅。这种通过动作或在做动作的过程中的觉察，可以使画家在观察和绘画时更自然、更不费力。在行动时（也就是做动作时）花在自我观察上的时间是微不足道的——因为你在为卓越和流畅的结果做准备。

小提琴家、演员、作家，或者任何一个人，如果没有认识到在生命中的行动或功能中觉察引导自己的重要性，那么一旦他认为自己找到了正确的做事方式，就会停止成长。一些天才钢琴家在练习时总会觉察自己的演奏，并去探索与习惯方式不同的演奏方式。被人称为天才的人之所以能不断提高，在于他们不断觉察自己的行动。可以自由选择行动方式使他们表现得更具才能。对于那些能够自己探索的人，或者有幸遇到帮助他们"学会学习"的老师的人来说，他们更有可能获得新的行动模式。这样的老师教会你的是音乐，而不仅是教你学会某一个乐谱。人类的所有技能和艺术均是如此。那些表现优异的人共同的特点是：他们一生中每天都要花好几个小时来练习。数小时的重复练习是艰苦的工作，而在做动作或行动的数小时过程中践行觉察，却是生命中最引人入胜和有趣的时光。对个人成长过程的觉察让人充满活力。

我有幸见证了一个与听觉觉察有关的事。在丢弃了一个使用了几十年的居里天平后，我安装了一个新设计的居里天平，然后离开实验室准备回家。在回家的路上，弗雷德里克·约里奥-居里（Frédéric Joliot-Curie）叫我去看他引以为傲的新设备。这台仪器在中央悬浮架和接地的外壳之间有 1500 伏的电压。当时已经很晚了，除了我俩，其他人都已经离开实验室。约里奥最后看了一眼实验室，然后脱下大衣，开始试用他的设备。他把仪器附近的金属片放入仪器里，打开计数器，然而扬声器里传来一连串的咔哒声。约里奥愤怒地说，他贴了通知，要求最后一个离开实验室的人关掉设备，但有人没照做。他穿上外套，我们准备回家，正当他伸手准备关掉设备时，却像被闪电击中一样停了下来。于是他又脱下外套，站在天平旁边，忘却了周围的一切。听着咔哒声，他转过身对我说："难道你没听到衰减的咔哒声吗？这里没有具有这样半衰期的放射性物质。"他按指示关掉机器，我们就回家了。第二天有报道说约里奥发现了放射性物质。如果他没有对自己听到的声音进行觉察，结果可能就只是那个没有关掉机器的人受到训斥。约里奥花了将近一个星期的时间来确定此事，并说服他自己和全世界，感应或人工放射性确实是一个实验事实。他因此获得了诺贝尔奖。我相信，没有多少物理学家具备弗雷德里克·约里奥－居里那样的觉察能力，很多人碰到这样的情况都只会认为新机器出了问题。

　　通常，人们对此的解释是"直觉"。我认为，这是一个语义学的问题。直觉通常发生在一个人既有广泛的经验又有重要的个人兴趣的领域里。很多人都听过海浪的声音，但只有德彪西（Debussy）因此产生灵感创作了音乐作品《大海》（La Mer）。我们希望德彪西在听到了约里奥－居里听到的东西后，会有另一个音乐灵感。在我看来，"约里奥－居里觉察到他所听到的"这种说法似乎是一种更清晰的表述，从根本上和总体上都更精确。直觉是一种可以接受的解释，但这个解释并不完整，因为直觉只适用于这样的人：他们对自己领域里的事有着强烈的兴趣。我们可以选择自己想要的说法。事实上，我们确实有各种选择，而我选择觉察。

我已投入有关人类学习的领域40多年。我逐步觉察到，即使是聪明的、兴趣十足的学生，也很难理解我如何能年复一年，即兴创作几千个动作，且每一个动作在相同主题下出现10种以上的变化，直到最迟钝的听众也能接收我的信息。人们对此的解释是：我是独一无二的，具有非同寻常的创造力。我故意省略了其他赞美的文字，不是出于谦虚，而是因为我觉得这没有什么值得骄傲的。有一次，我听到一句让我印象深刻的话："你和我都是街上的普通人。"我也相信你和我都是普通的、潜在的天才。内在信念对每个人来说都是非常重要的，如果没有从听众或读者那里得到这些内在信念，我一个人不可能有毅力坚持几十年。在圣地亚哥索尔克（Salk Institute）研究所，我有幸与乔纳斯·索尔克进行了一次深谈，在谈话时，他说道："像你我这样的人，在这个世界上是孤独的，我们应该经常在一起。"我并不认同这句话，因为大部分时间我们并不孤独，只是在低潮时才有这种感觉。

我相信，我们每个人的潜在能力要比我们目前所表现出来的能力大得多。此外，由于缺乏觉察，我们的潜在能力是被自己主动压抑的。我相信，在我们已知的总共1万年或1.2万年的历史里，人类苦难深重，我们现在的状况并不代表失败，而只是一个事实。爆炸性思维从一个学科向另一个学科扩散，使人类拥有无限可能，这给我们带来了以下问题。我们发现我们对现在的大脑如此不满，以至于不得不用计算机来辅助它，或者我们将会看到我们现在的能力会有一个更大的进步。我个人认为，未来的前景已经成为可能。我相信我们已经拥有了偶尔能充分发挥作用的大脑，问题是我们是否知道何时需要避免使用它。目前大多数大脑的文化设定在内容、意图和范围上都是习惯性的。我们一直在限制自己的成长，使之只局限于当下有用的程度上。我们在浪费自己的能力，只运用了在苦难处境中所需要的能力，而这种苦难是我们自己创造出来的。

我们只要想一想阅读的速度就明白了。学会阅读是一种巨大的成就，但我们的阅读速度就应该限于说的速度吗（当下最快的说话速度是每分钟300字）？我们通过说话来帮助自己学习阅读和书写，那么我们就应该按照说话的速度来阅读吗？我们很快就自欺欺人地说，以说话的速度来阅读是我们大脑的极限。我们可以学习只通过转动头和双眼来扫描书写或打印的文稿，并避免用默读的方式或抑制潜意识中的喃喃自语。只有在做到这些之后，你才会明白我们可以以10倍的速度阅读。而且，当每分钟阅读3000字时，我们提高了对内容及细节的记忆能力。就像我们在说话和写作方面所做的那样，我们的大部分能力在不经意间被一些"有用的"标准限制了。你确定我们不能把这些能力乘以10吗？我认为，由于过分地、错误地强调对人类社会重要的"是什么"，而忽视了"如何做"，我们实际上限制了自己。我们往往忽视了如何帮助每个人找到他的独特之处，让他做出对自己和社会来说独特的贡献。在人类中，其实有许多像莱昂纳多·达·芬奇（Leonardo da Vincis）一样的天才，然而我们做的好多事似乎都在限制人类的能力。

仅仅我们这一代人中就出现了音乐、数学、电子和空间计算的独特人才，他们展示出潜在的、从未使用过的演绎和归纳能力，将模式识别从一种心智学科传递到另一种心智学科。这有点类似于体育运动中的非连续跳跃。所有的大脑活动都随着对所处领域的熟悉而蓬勃发展。运算微积分、大系统、现代遗传学、张量微积分、控制论都不是已知原始思想的扩展，它们是新的思考模式，作为被限制的潜在能力而被发现，且由于科学的无知而一直无法发挥作用。我希望在不久的将来我们就可以说，过去年轻一代的教育，普遍只是为了努力得到一致的最小公分母①。每一代人中少数天才的独特性都是靠运气培养出来的。到处都有人教他们怎么学习，而不是教授好的课程。

在我的想象中有一个完美的人类大脑和功能。完美意味着不存在，也意味着与完美状态相比，每个人都有一个或多个特征在逐渐接近完美。把每个人与完美状态做对比是一个非常有用的辅助方法。完美的生命是什么？它是一个正常的、普通的人，有正常的遗传，有完美的出生过程、婴儿期、童年期和成年期。什么样的条件才能培育出这样的怪物？其实，完美状态是很难描述的。如果世界上存在一个完美的人类，那么阐明一个完美的成长史就不会如此难。只是想并不难，难的是用语言表述出来。当我不必解释我的思维逻辑时，我就可以自由地将完美的品质赋予每一个结构及其功能。每个功能都更容易完美化。当然，完美的记忆是一种完美的回忆，并且完全处于有意识的控制之下。

当前的外在影响因素，或过去已遗忘的外在世界的痛苦经历，会影响我们的内在历程，从而改变我们的行为意图和行为方

---

① 此处指社会大众或普通老百姓。——译者注

式。骨骼肌肉组织有良好的抗重力功能，意味着可以在任何时候向任何方向轻松地移动。用这种方式来思考这样一个完美的功能并没有太多困难。

通过这种方式，你就可以形成一个具有完美功能的完美之人的完美意象。这一招的好处非常大，因为你一眼就可以把真实人物的"功能"与你脑海中的意象进行比较，从而获得非常有用的具体信息。我研究过奥运会的金牌得主，发现有些人在跳跃时是在地心引力的作用下挣扎，好像根本没有身体向上的感觉；而另一些人似乎很轻盈，而且跳得更高，甚至你会觉得他们有失重的感觉。可以跳相同的高度是一回事，而他们"如何"跳到这个高度才是最重要的。有人可能只是获得了亚军，但比其他任何人都更具有完美的悬浮感。

我观察过同一个人的好几种行为，比如他弯腰坐在地板上、和某人跳华尔兹或被要求当众讲话。我发现这个人跳华尔兹的动作看起来比他做其他动作更接近我心目中的完美，我甚至惊讶于这个没有完美姿势的人竟然能跳出这么美妙的华尔兹舞步。然后我观察到，他与舞伴做的大多数旋转动作比其他动作表现得更好，在跳华尔兹时他的有些动作非常轻盈，有些动作则非常沉重、笨拙。对大多数人来说，旋转动作比其他动作更轻盈。如果没有了完美的意象，我就不知道我应该观察哪些方面。每一种功能在与一种理想化的功能比较时，都有属于自己的层级——虽然这不是一种衡量标准（就像用科学工具测量一样），但对我来说它仍然是一种最有价值的辅助工具。它指导我在神经学、生理学、进化论等方面进行探索，使我找到了分散在知识和智慧海洋中的相关事实。知识和智慧的海洋本身没有港口，只有对未来可能发生的一系列情景的预示。

多年来，我一直在思考什么是人类的完美姿势，得出了一个精确的或者说是完美的观点，这一观点得到了科学和长期实践的证实。如今，在动中觉察课程开始时我经常先带学员做一个实验，向学员阐明人类直立这一动作复杂而固有的美。

这是我在动中觉察课程中向大家介绍过千百次的内容。请看下面这幅图，它展示了一个婴儿在开始爬行之前，以及在他的早期阶段，在趴着时是如何抬着头的。

这种反射性的头部姿势是成人完美的头部摆放姿势。头部抬起，直到眼睛望向地平线，头部依旧保持着自由，可以用人类所能达到的最大顺畅度和轻松感左右移动。身体的其他部分会发生扭转，从而使头部可以在寰椎和枢椎上自由移动。观察一个还远不足1岁的婴儿，他会转动或翻转身体后趴着，他的头好像会依照某种机制以图中所示的位置定向。他的头部一直保持这种姿势，似乎是不知疲倦的，也许是反射性的，能够比强壮的成人更持久地保持在那个位置。婴儿可能会不时地低下头，给人一种鼻子会碰到地面的感觉，但这种情况并不会发生，他的头会瞬间再次抬起，就像开关被打开了一样。

成人的头部会有意地或自动地对距离感受器突然感受到的刺

激做出反应。在任何一种情况下，或者由于任何其他"因素"，头部会左右转动以确定刺激的来源。头部旋转，直到视觉、听觉和嗅觉的器官感受到同等的刺激——即使是最短暂的刺激也会使头部转向刺激源。神经系统已经学会了以寻找信息源的方式来进行头部的定向，这些器官可以探测到刺激的差异，只要刺激发生的时间足够长，这些器官就可以找到平衡点。重要的是，头部在向刺激的源头转动的过程中，会组织整个肌肉组织来移动骨骼，这样身体的大部分重量就会由头所朝向的那一侧的脚承受。

设想在你身体右侧突然发生了重要的或危险的事情，模拟一下在这种情况下你的头部的动作。你会发现，身体的左侧已经开始减少对身体的支撑，所以你可以，或者实际上你已经把身体转向右侧。右侧身体会产生足够的张力，从而让身体绕着右髋关节、右腿、右脚转动，并面向刺激源。将整个肌肉组织的张力从一种模式变成另一种模式需要大量的神经活动，这种神经活动在眨眼之间就完成了。控制头部的颈部肌肉不对称的张力是引发这一反应的关键。了解眼球的动作机制以及耳蜗刺激在这一过程中的作用是十分重要的。我在本文中不再详述那些最初在马格努斯（Magnus）的著作中所看到的相关研究的细节——现在，几乎每一篇现代生理学的优秀论文中都有这些细节。旋转身体，面对突发事件的过程，仿佛就是恢复头部肌肉和眼部肌肉的对称性的过程。在完成这一动作的过程中，身体的组织和行动的实施是非常经济的，对危险或生死攸关事件的反应实际上也是瞬时的。人类的旋转动作非常完善，以至于与大多数动物相比，人类旋转时动作更快。在斗牛、武术、拳击以及所有类似的活动中，只要侧身转体就可以避免被迎面扑来的物体撞击。这个系统结构如此之好，大部分时间运行如此之快，对于人类有不可思议的保护作用。

在动力学中，移动固体所需的能量与速度的平方成正比，这也许会让我们相信，想要快速旋转就要付出巨大的努力。但事实并非如此，因为在我们直立的姿势中，身体重心与旋转轴非常接近，这样我们在做旋转时仅需要最低限度地用力。此外，我们的身体几乎是完美的圆柱形，从而具有尽可能小的旋转力矩。在动中觉察课程中，在学习完一系列动作之后，你会发现自己的动作变得更轻、更快，并有一种兴奋的感觉。

当你记住我说过的所有关于学习的理由以及在学习过程中该做的和不该做的，你就会明白为什么在我即将给你的例子中，我不希望你提前阅读。如果你慢慢地、一步一步地做，以你自己的方式逐步学到最后的动作，那对你会更好。你得到的不会是我做事的方式，而是你自己的方式，学习本该如此。

坐在地板上。把双手放在身后，手臂几乎伸直并支撑身体。弯曲双膝，把你的脚底平放在你前面的地板上。

双膝向右倾斜，把双脚作为铰链，移动双腿和双膝，再回来；双膝向左倾斜，然后回来，再向右倾斜。

在反复做双膝左右倾斜的动作时，你会发现双膝的动作是由骨盆带动的。注意，在你向右倾斜膝关节之前，左臂会伸直，左手推向地板，这有利于骨盆动作的启动；同时，你会觉察到头抬起并向后倾斜。

重复双膝左右倾斜的动作，同时注意躯干、脊柱和头部的最初变化，以及你的用力。

慢慢地做，你会发现每一次动作都比前一次更容易，直到你确切地觉察到在这个动作的各个阶段，你什么时候吸气，什么时候呼气。改变一下呼气和吸气的顺序，也就是说原来你做动作时如果是呼气，现在改为吸气，并继续做动作，直到你觉察出哪一种呼吸方式可以让动作更轻松。

在这里，你的决定没有对与错之分。因为，当你的注意力和觉察能力提高后，过不了多久，你的判断力也会变得更好，因为你的敏感度会随着用力的减少而增加。无论是男是女，是胖是瘦，是年老还是年轻，是运动员还是残疾程度不太严重的人，都可以体验到这些情形。

继续做膝关节左右倾斜的动作，做1~2分钟，或十几次，或任何你觉得舒适的时间或次数。

在学习过程中，人和人之间的差别很小，主要的差别在于：为了让自己的意图更容易实现，一个人需要做多少次动作才能觉察到身体的其他部位需要做什么。觉察是学习的重要组成部分，而在课程中使用哪个动作来学习并不重要。即便如此，我们还是可以选择一个在生活中有用的动作进行练习。

你最终会同意这样的观点：作为一个人，你可以像猫一样行动，而且速度是你现在所拥有的"正常"速度的10倍。还记得关于阅读速度的话题，以及"正常是潜在的可能，但它扭曲和局限于常态"的观点吗？这一点非常重要，值得一再重复。除了极少数人，我们每个人都只使用了自己潜在能力的一小部分。

人们普遍认为：一个人想要精通任何事，都必须有足够的能力，或者天赋异禀。这种认识对于人类自由选择的权利来讲，也是一种障碍。然而，从基因上来说，我们确实是人类，只要是人能做的事情，即使只有一个人做到了，其他人也能做到。以说话为例，世界上有 3000 种不同的说话方式。人们的口腔、牙齿、舌头和大脑的差别就像人的能力的差别一样大。拒绝承认自己在使用语言方面没有天赋，是大多数人不健康的心理惰性的表现。要成为一个天才音乐家、画家、数学家、演员或其他什么人，是非常困难的。同样的，创造出一件原创的、非常个人化的、带着创作者印记的物品或作品也是非常难的。我们的教育培养的是相似的人，如果一个人的目标仅是成为这些相似人群中的一员，则是非常容易的。

这个时候你已经休息好了，开始觉察到许多你可能知道也可能不知道的事情。再次开始做双膝向左、向右倾斜的动作。这次做动作时，双膝分开一点，留出安放小腿和脚的空间。因此，当双膝向右倾斜并最终放在地板上时，右小腿可以自然地平放在地板上，右脚底抵在左膝附近的大腿上——当然，你的左腿和脚也在地板上。注意，为了完成这个动作，你要用双脚作为支撑点，当双腿倾斜时，双脚在地板上的位置是不变的。在这个课程中，一直让双脚作为支撑点是非常重要的。

熟悉这个准备动作的细节，你才能在膝关节轮流向右、向左倾斜时，做出两个对称的姿势。轻松地呼吸，觉察空气从鼻孔进出时有没有间断。当你向右倾斜膝关节时，弄清楚地板上哪只手是不需要提供支撑的，哪只手可以在不增加任何困难或导致屏气的情况下抬起来。双膝向左倾斜，然后回来，再向右倾斜，这一次，把另一只手抬离地板。然后你就会觉察到你刚刚读到或理解了什么。

继续左右倾斜双膝。抬起那只你认为不需要提供支撑的手，把它移向膝关节的方向。慢慢地，你会发现，你可以越来越轻松地将骨盆抬高到用膝盖支撑身体的位置上。

坐着，双膝向另一个方向倾斜，直到你再一次用你的另一侧膝盖支撑身体。坐下来，然后重复几次这样的动作。请注意，在做动作时要以脚为支点。除此之外，脚并没有发挥其他作用，最好别管它们，只是让它们自然移动。然后，你要注意，避免无意中改变脚的位置。躯干会带动那个举起的手臂，你也可以轻轻摆动手臂来帮助躯干和骨盆抬离地面。

我只是在看到学员们已经意识到并且已经在做我所说的事情之后才说这些话。这样，学员就觉得自己猜对了，他的信任感和自信心会随着他的觉察而提高。在这样的书面描述中，很多要点会变得模糊，因为提示的时机被纸张所限制了。

如果你感到累了，可以休息一下，再次准备好了之后再开始。

现在，继续做刚才的动作。向左转，直到膝盖着地，右臂伸到左侧；左手仍然放在地板上支撑身体。为了从这个位置站起来，我们通常把右脚向前移，最后踩在地板上，通过双腿的力量使自己站立起来。这让移动的身体停滞，消减了动力，使起身站起来变得又慢又费力。这相当于在爬坡的汽车获得动力之后，你却踩下了刹车，这时唯一的选择就是回到最低挡位，再次上坡（浪费汽油），等到有足够的动能时再使用高速挡位。在我们学习这些动作时，我们还没有清楚地觉察到自己有这种不良的驾驶习惯。

再一次开始，向右倾斜双膝，再向左摆动双膝。但这一次做动作时，右臂从身前向上、向左摆动，骨盆继续做螺旋上升的动作，抬离地板，直到右髋可以让右膝伸直（右髋向右手臂的方向移动）。这时，右脚会踩在地板上。由于骨盆会带动两侧髋关节移动，在骨盆上升过程中，左髋关节也会抬起，让你感觉到自己全身的重量在双脚上。骨盆从坐姿开始移动，然后以螺旋形向上旋转到你的左侧，如果你充分觉察到骨盆的轨迹，并且这个轨迹线没有断点，让骨盆沿着这个轨迹继续移动，完成转动过程，直到你转身向后，双脚站立。在这个动作中，你使用的是骨盆和躯干的原动力，它帮助你完成双膝向左摆动的动作。

重新开始，直到你觉察到你在做动作时是如何引导自己的。坐下来，双膝向右摆动，之后再向左摆动，站起身，朝向后，你会觉察到自己在做动作时实际上是非常快速且毫不费力的。重复动作，从膝关节向右摆动开始，注意不要阻碍骨盆的运动。你的双臂、双脚和其他部位都会与骨盆完美地配合。这是因为头部也会参与到这一个螺旋上升的动作中，当上升完成时眼睛会移动以寻找地平线。

坐在地板上，闭上眼睛，用观想的方式观察你的头和骨盆的动作轨迹。在你可以清楚地觉察到这个动作时，想想在一个简单的动作中，你从坐到站是多么轻松和迅速。这种从表面上看很简单的事项却是我们将所有复杂的细节整合到一个意图行为中得到的结果。

实际再做一遍，双膝像之前一样向右摆动，但是在双脚承受所有重量后，不要抬起左手。停留在站立姿势，想一下自己如何才能回到最初的坐姿。你可能会花一些时间去觉察自己在空间中的动作轨迹。这种空间觉察是你动觉的另一种面向。在良好的、习得的意向动作中，注意力很容易从内在的肌肉感觉联系转移到空间的或外部的接触，以至于我们感觉不到自己所做的动作。做一个单一的动作是简单的，只是写成文字后看起来非常复杂。

你可能已经发现，为了在空间中做反转动作，动作的时机也是反过来的。很明显，我们不能让时间倒流，但我们可以回想右脚最后的动作。在坐回地板的动作开始时，可以先从右脚开始反向动作。过不了多久你就会觉察到，当右脚离开地板时，首先移动的是骨盆。现在先移动骨盆，将右脚抬离地板，将膝关节弯曲并靠向地板，直到你回到最开始的坐姿。在你的脑海中回顾整个过程，当整个过程变得更清晰之后，就开始做坐回地板的动作。

把双膝向左摆动，以观想的方式做双膝向右摆动并站起来的动作，就像已经做了多次的向左摆动并站起来的动作一样。如果你不能觉察到骨盆向右后方螺旋上升的动作，就停下来，休息一下，然后向右摆动双膝，实际做一下之前从左侧站起来的动作。

双膝向左摆动，这一次，再次用你已经知道的流畅的动作站起来。再次抬起并移动你的右脚，引导骨盆回到地面，双膝向右摆动。右膝支撑身体，左臂向前并向右上摆动，觉察骨盆以螺旋向上的方式移动到右侧，让左腿和左脚来承受你的全部重量。当骨盆带动双腿做动作时，你的右腿也会伸直来分担你的重量。

现在通过移动骨盆抬起左腿，顺着原来的路径坐回地板，双膝向左摆动，站起来，但不是完全直立。移动骨盆，带动右脚活动，坐回地板，膝关节向右摆动，骨盆以一个连续的螺旋的动作方式先上升，然后向上、向右移动。你就这样站起来，坐下，再站起来，非常快速地、一气呵成地做动作。骨盆永远不会停止运动，因为在坐下来之前，它已经在另一边促使膝关节摆动，并开始做螺旋上升的动作了。

现在你可以看看插图了。阅读就好像是临摹字帖。一旦熟悉了动作、力量、形式和方向的复杂变化，你就开始形成你的个人特点。每个人都会有属于自己的独特的笔迹。写字的唯一要求是清晰可辨，也就是说，只要能清晰无误地让人看懂即可。

你现在可以回到运动中，用你自己的方式像猫一样流畅、迷人地做动作。在做的过程中，觉察骨盆的平稳移动，不要破坏持续的加速和减速部分，从站立到坐下，再从另一个方向做动作，直到再站起来。你现在可以觉察到四肢如何按照预期与骨盆完美地配合。

你在这个学习过程中获得的觉察能力将是最重要的，并且可以将之应用于其他大量动作，甚至是那些你以前尝试过的或错误学习过的动作——那些动作以前做时可能并不像现在一样具有令人兴奋的速度和流畅度。如果你不那么匆忙，并注意消除动作的障碍，你的速度将加快，甚至超过自由落体的速度。实际上，你可以将骨盆向下摆动，从而获得比自由落体更大的动能。实际上，动中觉察中的动作表现没有极限。自我导向的整个过程都会得以改善，而不仅仅是任何特定的动作。这种特殊的成果只是附带发生的，是学习改善后获得的奖励。

　　我们现在有足够的耐心和时间去满足自己的好奇心。坐在地板上，右脚放在右侧身后，双膝分开，将你的左小腿放在两侧膝关节之间，就像我们之前开始时做的一样。左手放在骨盆左侧，支撑在地板上，左手安放的位置应该是能够支持你并使你感到舒适的地方。抬起右手臂，右肘关节微微弯曲，以抬起你的前臂。右前臂抬起后，右手向下垂，放在面前让你感到舒适的距离并与双眼同高的位置。固定躯干、头部和右臂，眼睛盯着右手，然后把整个身体转向左侧，转动到自己不需要费力的角度。之后，保持这个姿势，身体继续向左旋转。安静地呼吸，几乎没有外部可见的动作。大约1分钟后，双眼向右看，切记，只转动眼珠，其余部位保持不动。双眼看向右手，然后再看向最右侧，眼珠来来回回转动十几次。停止眼睛动作。闭上双眼，在你觉察到用力程度增加时，就停止动作，在闭上双眼的情况下，把右手抬至眼前。现在，按照自己的动作意愿向左转身。无论转向哪个角度，只要完成一次转向就停下来，睁开双眼，你会发现，你转动的幅度比开始左转时增加了。待在那儿。

　　双眼盯着右手，在轻松状态下把头向左转动。只做头的转向动作，重复十几次。首先把头和双眼向左转动，在转动至最大幅度后，保持头不动，只让眼珠随着右手转动。再次停止动作，闭上双眼，回到最开始的姿势。把手举到眼前，身体向左侧旋转（当你觉察到自己需要费力做动作时，就停止移动），并睁开双眼，然后你会发现自己可以毫不费力地比之前旋转更大角度。停下来想一想，这与平常的经历有什么不同。这种"练习"与需要改善之处正好相反，但它确实改善了。

仰卧休息一段时间，你会觉察到你身体的两侧不是以同样的方式躺着的，其中的一侧已经因为你刚才的动作而发生改变了。

再一次，像之前一样坐着。用左手支撑身体，把右手放在头顶，在舒服的范围内身体向左侧旋转。用右手帮忙移动你的头，使右耳靠近右肩。之后，再反向做动作，使左耳靠近左肩。如果你能够觉察到，当右耳向右肩靠近时，骨盆在摇摆，你的右侧躯干变得更短，而另一侧的肋骨呈扇形展开，这个动作就会变得更加容易、幅度更大。当手把头向另一个方向移动时，骨盆和躯干两侧也会向另一个方向做动作。闭上双眼，来来回回做十几次这个向右向左的动作。回到最开始的坐姿，将右手放在眼前，在身体感觉到绷紧时就停止动作，旋转身体、停止动作，你会发现，自己转动的幅度更大了。为什么会出现这种变化？这是一种进步，通过非正统的练习再次得到的进步。

回到一开始的坐姿，向左旋转身体，这次把双手放在身体左侧的地板上。调整身体，让双手承受一样的重量；双手的距离与肩同宽，支撑在地板上。将肩向左旋转，同时将脸

（或者说头和眼睛）转向右侧。在肩部做动作时，觉察右髋关节和臀部的动作，觉察脊柱的感觉。停止旋转动作，返回原位，然后来回再做十几次。

坐下，抬起你的右手，把右手放在眼前，然后向左旋转。现在你很可能已经将身体旋转到双眼可以看到身后的程度了。

与你最开始身体的旋转程度相比较，你会发现动中觉察是一种非常有效的学习方式，比仅仅依靠努力和意志力的学习方式更有效。简而言之，我只想说，你一直在用分化的方式做眼球和头的动作，这意味着你学会了让它们向相反的方向移动。大多数人让身体各部位向同一方向做动作后，就停止了神经肌肉－空间训练。同样的分化也发生在骨盆、头部和眼睛之间。

坐下。双膝向右倾斜，双手放在身体后方支撑身体。把双膝向左摆动以快速起身，让骨盆以熟悉的螺旋状向上运动的方式从左侧站起来，然后向反方向做动作，从右侧站起来。继续做站立－坐下－站立的循环动作，你很快就会觉察到，一侧的动作比另一侧更流畅、更快。这和之前（第103页）的运动方向有关系吗？

现在，坐下，把双腿放在左侧，像之前一样，重复旋转躯干、头部、眼睛和骨盆的所有步骤。但有一个重要的限制：除非采用新的姿势，否则不要做任何实际的动作。静静地坐着，只是用观想的方式，不进行任何实际的动作。你会觉察到，自己会以必要的模式组织肌肉以完成动作。如果你用这种方法完成了所有的步骤，你会惊奇地发现向右旋转的动作已经改进，甚至比用实际做的方式效果更好。此外，采用这种方式，你只需要花费完成实际动作所需时间的 1/5。

现在，你已经知道动中觉察是什么了，你可能会认为它的方式可以为学习提供更好的机会。威尔·舒茨（Will Schutz）是我有幸认识的美国名人，正是他把我带到了美国。我曾邀请他和我一起参加新维度（New Dimensions）的采访。以下是一些采访摘录。

威尔·舒茨：我发现你的方法是我所说的"自我导向"（self-oriented）的方法，而不是"上师导向"（guru-oriented）的方法。当我在上你的课程时，有一个特别的例子说明了这一点，就是如何把我的双脚分开，使它们最舒适。你告诉我把它们靠得很近，体会那种感觉，再把它们分开很远，再感受一下看，不断地把双脚前后移动，直到感觉舒适为止。凡是感觉舒适的，就是对的，就是正确的。我也做过全面的阿里卡训练（Arica training），我认为这个训练所采用的就是"上师导向"的方法。奥斯卡·伊查索（Óscar Ichazo）是上师（guru），我们都需要按他说的做。在接受他的训练时，我也会做同样的动作，只是他要求把双脚分开一肘长的距离。如果不这样做，他就会过来指正，说："这样不对。你的方式不正确。"正确的做法是记住别人让我做的事，并把它做好。

摩谢·费登奎斯：我从不强迫任何人接受我的观点。我永远不会说"这是正确的"或"这是不正确的"。对我来说没有什么是正确的。但是，如果你做了某件事却不知道自己在做什么，那么这对你来说是不正确的。如果你知道自己在做什么，那么无论你做什么都是对的。作为人类，我们有一种其他动物没有的特殊能力，那就是我们知道自己在做什么。这就意味着我们有选择的自由。假设你两脚分开的距离在我看来是不正确的，那随之而来的问题是，为什么我认为这是错误的呢？不是因为我认为它应该有多宽的距离，而是因为我觉得你真的不舒服。双脚这样放着，只是因为你从来没有真正想过什么距离是合适的、什么距离是舒服的。你并不关心什么动作让人舒适。

如果你很害羞，或许你会把双脚并在一起，因为这样做比较"得体"。如果你是一个爱炫耀的外向的人，想要展示你是多么的重要，以及你多么自由，那么你会把双脚的距离拉得很开。这距离对谁来说太宽了？肯定不是我。我不会说"这是对的"或"这是错的"。我是说，如果你知道把脚放得很近是因为你害羞，或者你觉得把双脚的距离拉得太宽很尴尬，那就没有坏处。在我看来，你喜欢做什么就做什么，这是正确的。我不是来告诉你该怎么做的；我在这里只是想告诉你，你应该知道自己在做什么。然而，如果你真的不知道如何放你的双脚，并且你相信所有人都应该知道如何放自己的双脚，你却几乎无法打开双脚，那不是因为你的生理或解剖结构不允许，而是因为你没有觉察到自己不知道它们可以打开，那么这是不正确的。

威尔·舒茨：我记得我上过的一节课中有一个例子说明了这一点。在课堂上我们大都按照你的指示去做某个动作，有一个人却并不这样，你并没有对他大喊大叫，而是要求全班同学按照他的方式去做，之后再按照你说的方式去做，让大家自己判断哪种方式更舒服。这个过程帮助我们提高了觉察能力，让我们能够觉察什么是更好的感觉。

摩谢·费登奎斯：事情远不止于此。我的重点在这里。我说了某件事，大多数人都用一种方式做。但不知为何，有一个人对同样的话却有不同的理解。如果他是个白痴，他不明白我在说什么，就没有什么好说的。然而，我相信他不是一个白痴，虽然他做的和我要求的相去甚远，也就是说他不能理解我所说的意思。其他人都按照我说的做了，我告诉他们："看，看看这个人是怎么做的。也许他是对的，也许大家应该这样做，你们可以模仿他吗？"是的，大家也可以。"你们能像之前那样做吗？"是的，他们都能。但那个人只能用自己的方式做，而不是像其他人那样可以用两种方式做。因此，大多数人在两种行为之间有选择的自由，但那个人的动作具有强迫性，且难以改变。他不知道自己在做什么，也不能做自己想做的事。我这样做，可以让其他人看着那个做不好的人，从而让那个做不好的人更容易觉察自己。我会对那个人说："看，你已经用自己的方式做了这件事。也许你是对的。这些人可以像你一样做，也可以用其他方式做，但你别无选择。你像一台机器，但他们更有思想。他们有自由意志，有选择权，你没有。现在，坐着看看他们如何做。你能看到什么？"看到别人都在模仿他，他突然意识到他并不知道自己刚才在做什么。一旦意识到这一点，他就开始像其他人一样做动作了。他的学习过程只用了 10 秒钟。他重新获得了选择的自由，重新获得了作为人的思想。

世界上有两种学习。其中一种是把事情记在脑子里。例如，拿一本电话簿并记住上面的电话号码，或者拿一本解剖书记住每一块肌肉的起止点。这种学习与时间和经验无关，你可以在人生中的任何时间去做这件事。但假设你想弹钢琴，每次开始学习，你都要说："好吧，我小时候不弹钢琴。现在开始会非常困难，此外，弹钢琴又有什么意义呢？我是一个科学家（或我是一个电台记者），我为什么要弹钢琴？如果我想要听钢琴曲，我可以找张唱片。"但对一些人来说，比如耶胡迪·梅纽因（Yehudi Menuhin）或弗拉迪米尔·霍罗威茨（Vladimir Horowitz），音乐创作比电台节目或科学更重要。他们以一种几乎超出个人选择的学习方式来学习。如果你愿意，你可以背诵电话簿；如果你不愿意，可以不背诵，并且你还可以改变主意。

但是，还有一种学习，你对它没有任何决定权，这种学习与自然法则有关。这种自然法则与我们的大脑、神经系统、身体和肌肉有关。这些法则包含在宇宙法则中。它们是如此精确和有顺序性，以至于你无法决定什么时候学习它们。根据发育里程碑，你会按照一定的顺序学习某些技能，否则就不能发育成为一个健康的人，也许你会成为一个残疾的或患自闭症的孩子，或处于其他不健康状态。为什么你教不会 1 岁大的婴儿拿铅笔写字呢？因为婴儿在具备某些能力之前是不会写字的。

有一种学习随着成长进行。在会走路之前你不可能会滑冰，无论你多么聪明，即使你是个天才。你必须学习走路，但在学会爬行之前，你可能无法行走。如果你先学走再学爬，那你走路的动作就可能有问题。正常情况下，在身体能够直立之前，你是学不会说话的。你知道为什么吗？在人类系统中，每个部位的功能依次发挥作用。在每一个阶段，当大脑的某个新部位占据主导地位时，这个部位的功能有助于大脑的发育，并改变人的整个行动方式。这种学习方式必须按照它自己的节奏进行。我们对此没有决定权。然而，因为这种学习一般是在成人的指导下进行的，所以可能会以一种不同于自然的方式进行。

我学习的方式，我对待人的方式，就是为那个想要学习的人找到他能取得相应成就的途径。人们可以学会不同的移动、行走和站立方式，但他们放弃了，因为他们认为现在太晚了，成长的过程已经完成，他们已经不能学习新的东西，他们没有时间和能力。你不必为了让身体功能恢复正常而回到婴儿时代。只要你相信，在你的身体系统中，没有什么是永久的或强迫性的（除非你自己认为是这样的），那么，在人生的任何时刻，你都可能使自己"重新开始"。

我不为人治疗疾病。我上课是为了帮助人们了解自己。人们通过操作的经验来学习。我不治疗疾病，不治疗人，也不教导人。我给他们讲故事，因为我相信学习是人类最重要的事情。学习应该是一种愉快的、奇妙的经历。在课堂上，我经常说："你们能停下来吗？你们很多人看起来是那么严肃，好像你们在做一件非常困难和不愉快的事情。那意味着你们累了，也意味着你们很难更深入地理解。休息一下，来一杯咖啡，或者让我给你们讲个故事，好让我看到你们眼中的光芒和脸上的笑容，好让你们更专注地听我讲，并发现我说的话对你们很重要。"

威尔·舒茨：对我来说，这不是你做的主要事情。你确实在说话，也确实在表达某些观点，但更重要的是你在用手做某些事情。观看费登奎斯课程对我来说几乎相当于一次冥想。这是非常安静和敏感的，所有的事情在双手之中发生。身体和大脑之间通过双手进行无言的交流。而谈话通常只是后面发生的事。

小结

所有哺乳动物，包括人类，都有骨骼肌。如果没有感觉，尤其是没有最重要的动觉，骨骼肌就毫无用处。如果没有自主神经系统和中枢神经系统，所有这些复杂的东西都毫无用处。在行动、移动、感觉、思考或做其他任何事情（甚至说话）时，神经和肌肉等结构都必须发挥作用。如果我们想要活得精彩，并且变得更快乐、更聪明，以上提到的每一项都需要学习，从而让自己获得感觉、感受、思考、移动、行动、反应的不同功能模式。

如果我们要快速而恰当地行动，我们就需要习惯。但是盲目地使用习惯，或者认为它是不能改变的（像自然法则一样无法改变），就是无知的表现。在我们一系列的方法、功能和结构中，可能的选择是非常多的。然而，所有不幸的人皆认为自己"天生就是这样的"，也就是说，他就是自己习惯的那样。这使他们看不到可供他们选择的众多选项。因为习惯是如此有用且顺手，他们宁愿不去改变自己的习惯。

我们每个人都有各种各样的可供选择的"习惯"。我们可以在星期天使用一些，在一周的其他日子里使用一些，在站着的时候使用一些，在床上躺着时使用一些，在做不同的事时使用不同的习惯。帮助别人改变习惯并不像看上去那么容易，但也不像人们认为的那么困难。有些陷入困境的人很难自己走出来，但幸运的是另一些人把帮助别人摆脱困境作为职业选择，如果有必要，我们可以找他们来帮忙。

第九章　功能整合

在功能整合课程中，我们使用了最古老的感觉系统——触觉，如身体能感觉到拉动和按压，也能感受到手的温暖和温柔的触碰。练习者可以更专注于感受肌肉张力的减弱，呼吸也变得更深且更有规律，腹部开始放松，此外，原本紧绷的皮肤的循环也得到了改善。这个人感觉到他最原始的、已在意识中被遗忘的模式，并再次回想起童年成长过程中的幸福时刻。

你可能还记得我在前文没讲完的故事：那个出生时右手首先伸出子宫的男孩，那个看了五六个专科医生但仍处于痛苦之中的女士，等等。描述这些案例有点像编制清单，但是对于人来说，清单有什么用呢？如果我不写自传，只列出我目前抱怨的事情，你就不会知道如何帮助我改善生活。你能改善我受伤的膝关节吗？你能帮我恢复视力吗？就算你能，现在对我又有什么好处呢？我也许会更警觉，更有自我感觉。但是，我已经在世界各地寻遍了一流专家，他们也没能帮到我，难道你就可以吗？

　　下面是一个真实的案例。一位有名的小提琴家被枪击中，骨科医生和神经外科医生一起对小提琴家受伤的手臂进行了手术，伤口逐渐愈合。之后，他们对损伤情况进行了评估，最终的结论是，采用物理治疗可能有助于小提琴家弯曲肘部和伸展手臂，但拉小提琴是不可能了，因此，这名小提琴家需要抓紧转行，另谋职业。当然，也有可能是手臂的正中神经受损，组织形成瘢痕，使手臂不能伸展，腕关节和手指也失去了活动能力。

　　在这里，我并不是想拿"功能整合"与世界上大多数治疗方法做比较，从而证明"功能整合"如何如何好。我只是想表明，我们在使用一种不同的方法，它与我们传统的以因果模式看待世界的方式是完全不同的。这种方法非常好用，是一种更容易应对我们出现的问题或完成相关任务的方法。我在这里想要表达的是，通常有更好的思考方式可以开拓新视野，把难以想象的变成现实，把不可能的变成可能。

　　让我们仔细分析一下这个著名的小提琴家的成长过程。当一个新的生命刚刚诞生时，没有人能说清楚他的未来。通过反复观察我们知道，婴儿不断发育，在最初几年里他会做很多成人时期不再会尝试去做的事，他在为成年时要做的事做准备。婴儿所做的这些活动，事实上会让他成长为某种类型的成人。在最初的几年里，所有婴儿为成年所做的准备看起来都是一样的。孩子的骨骼生长，肌肉也与骨骼同步生长，生长受到多种环境因素的显著影响；爬行动作发生在多个运动平面，动作形成的"时机"也严格遵循自然规律。仅靠随机地把一个婴儿扶起来，或让他如何如何做就学会爬行是不现实的。引力场会作用于地球上的任何物体，也会作用于这个小生命，从而影响他的动作时机和运动平面。换句话说，肌肉和骨骼的生长与一般的生长不同，是一种非常特殊的生长。这个小生命通过熟悉自己在引力场中进行的连续不断的动作，将引力对自己的作用降到了几乎觉察不到的程度。我们所看到的我们熟悉的姿势、平衡、稳定和灵活性都是在我们从未意识到的引力场中学会的。

还有许多其他的事情，因为熟悉，所以我们反而没觉察到。大一点的孩子吃东西的方式也与婴儿时吮吸的方式大不相同，他说出音节和单词，玩各种物品，有时相当熟练，有时则不那么熟练。很明显，骨骼并不能单独完成动作，肌肉收缩后骨骼才可以运动，同时肌肉也需要通过骨骼来做动作。神经系统是骨骼和肌肉与身体外部的重力场、空间、时间和社会环境形成连接的媒介，没有这些就没有活动，也无话可说或听。简而言之，环境不仅包括你和我（性活动显然已包含在其中），还包括物体、空间、时间、引力场、社会和文化。

让我们把话题拉回小提琴家身上。他曾经也是一个婴儿或一个孩子。如果没有神经系统帮助他调节自身和周围环境之间的关系，他的骨骼和肌肉就会以完全不同的方式生长。神经系统能感知由上述许多细节组成的环境。这个系统将指导、组织、调整身体的各个部分，以对环境中的事物做出反应。手、脚甚至整个身体都将通过神经系统与环境相适应，而神经系统也会知道一这个动作在体内或体外产生的变化是偶然的还是如预期的那样。

通过这种辛苦费力的方式，手指学会碰触琴弓和琴弦，让它发出神经系统觉得悦耳的或难以忍受的声音。神经系统永无休止地活动，它会通过肌肉与骨骼使我们在环境中移动或行动，这个环境因此也变成我们自己的一部分。通过活动，我们会感知环境，这时环境就呈现在我们的世界里；环境也会要求我们的神经系统相应运作，从而让我们能继续移动、行动或做出反应，以应对不断变化的环境。

我们出生后学习和做的第一件事，就是用我们的眼睛去看周围的事物以及用手去接触周围的事物。否则我们还能做什么？因此，定向可能是最基本的思考或动作。你要去何地？你何时去？如果没有"何地"，"何时"就没有意义。我们的基本方向是左和右，简而言之，是以我们为中心的定位。即使是精神错乱的人，我们也要给他指一个方向好让他知道向哪里移动，否则他根本无法移动。没有动作的话，动物的生命意味着什么？

一些我们无法理解的事情现在变得很显然了。小提琴家获得了灵活地使用自己的手指在外部物体上做动作的技能，这种技能可以使他在自己的手和手指按一定的模式移动时，持续不断地聆听和判断。这些手和手指的移动模式已经在神经系统中形成，其之所以能够形成，是因为有环境物体的作用。在这里，环境物体首先指的是小提琴。成为小提琴家需要三个因素：环境（没有小提琴就没有所谓的拉小提琴）、神经系统（没有神经系统就没有动作，没有听，没有对身体的感知）和身体（没有手指和手，不能坐着或站着，就不能拉小提琴）。如果再加上小提琴家演奏的地点、面对的方向、演奏的对象，以及谁需要他的演奏，我们就可以开始理解功能整合是什么了。

幸运的是，神经学家和外科医生可以帮助他修复手臂的损伤。如果这位名声显赫的小提琴家不得不因身体损伤而更换职业的话，精神科医生和心理学家也可以为他提供帮助。然而，功能整合可能有机会让小提琴家重新演奏（我、我的助手和学生帮助了许多人）。不管你信不信，如果我成功了，他的小提琴演奏技艺会比受伤之前更出色。他也会更清楚地感知到，他在用那只完好的手做什么，因此他会更有能力做他想做的事。他的小提琴演奏技艺甚至可以达到更高的水平。

只要我们一点一点地观察分析，任何复杂的事物都可以慢慢被理解。让我们首先详细地检视一下我们是如何行动和移动的，我们一般是如何引导自己的。这样的话，你就更能理解我说的功能整合，并理解为什么我会如此肯定地谈论那些根本不简单或不直观的东西，或先验知识。动物的生命由有机体组成，其结构具有自我复制、自我维持、自我保存、自我引导的功能。前三种结构功能很可能早在动物出现之前就存在了。我们可以在非常大的和重的有机分子中区分出类似的功能。但自我引导只对个体有意义。所谓个体，即有一层膜、一层皮、一层边界，把自己与世界上的其他部分隔开的有机体。一旦这种分隔形成，个体化的生命就存在了。它可能非常原始，也可能非常复杂。这种分隔意味着个体在其自身和外部世界之间必须进行某种交易或交换。

边界会允许一些外部物质进入个体，也会使一些内部物质排到外部。这种交换是有偏好的，目的是在一段时间内增加有机体的生存能力，直到有机体生命终止。当有机体生命终止时，它会被周围的环境重新吸收，边界、膜甚至个体本身就不存在了。没有自我或个体时，自我引导就失去了它的意义——存在的个体才会对自我引导有兴趣。

对人类而言，自我引导似乎与我们以直立姿势呈现自己有关。成人最基本的自我引导是向左或向右，即绕着脊柱垂直轴进行旋转。我们观察到，婴儿躺着时的第一个动作往往是转向我们、看着我们，或者回应我们的微笑。换言之，他们学会了根据自己的需要或意愿向左或向右转。他们做出这样的动作，原因并不一定是我们想的那样。我们用的术语是成人的，成人会根据自己的观点改变所使用的术语。然而，我们一致认为，在婴儿的活动和他成年后将要做的事情之间有一个重要的联系，这种联系涉及神经系统、容纳神经系统的身体，以及身体活动的环境。

显然，在生命及其功能运作中，有某种东西在演化、在成长。成人在成长过程中每一个阶段的向右和向左转动，都比我们想象的要复杂得多。眼睛、头部、耳朵、右腿和左腿、肌肉、关节和与地面接触并支撑身体的脚底都在向神经系统提供有关环境的信息。所有这一切会与自我的形态结合起来一起行动，这样，转身的方式不会影响地心引力场域中的直立姿势，也不会打断自我引导的连续性。我尽量用简单的语言来描述这些。就像你一样，我也可以做所有的成人能做的事，即使某些人并不知道我在表达什么，或者某些人知道得比我更多。

从功能整合的角度来看，绕着垂直轴旋转是一种自我引导的行为或功能，这种自我引导功能只对在环境中活着的动物有意义。这种转身使动物能完成所有 4 种与自我有关的活动，不论这些活动是出于必要，或是探索，还是只为了练习或达到自己的某种目的。无论你相信与否，连接我们的感官与外部远距世界的器官——无论是巧合还是设计，都位于我们的头部。视觉、听觉、嗅觉都是有方向性的。为了确定方向和距离，我们需要两个间隔一定距离的相同的器官。人体的距离感受器是传感器，它们也可以自我移动，把头部引导至某个方向。当左右两侧的器官接受同样的信号或刺激时，头就会转向那个方向。在头转向某个特定的方向后，我们会观察发生变化的那个地方，听着来自那个地方的声音，或者闻着来自那个地方的气味。我们的头转动的幅度刚刚好。我们的头，或者我们本身是怎么把动作做得如此精确的？

受到任何这种类型的来自环境的刺激／激惹后，我们都会转动自己的头。同时，我们发现骨骼、肌肉和整个人的身体一侧，也就是头转向的那一侧，会变得张力更大、更强，而另一侧的关节会发生屈曲。我们的重心会转移至张力更强的那一侧，我们的头会一直转到中间，转到导致头转动的不对称肌肉活动的张力消失为止。自我引导功能可以使我们自由地向任何可以选择的方向移动，或者根据需要再次采取新的行动。想想看，除了触摸之外，我们的嘴也将我们与环境联系在一起。尽管不像其他远距感受器体现得那么明显，但嘴也是有方向性的。很难想象，这样一个包括所有肌肉和骨骼在内的整个生物体，可以不经过训练就完成各种精确的动作。躺着的婴儿转头以回应来自母亲的信号，这也确保他知道自己的母亲是谁。从这种反应开始，婴儿将开启漫长的学习过程，并发生前文所述的大量变化。所有这些对我个人来说可能比对你更重要。我已经表达过我对那些为我们发现和讲述这些故事的人的惊叹和钦佩。我还谈到过，我对老师们的贡献是，在他们的教学中添加了一些东西，使我们能够利用他们现在的成就，让我们生活得更容易、更好。

荷兰乌得勒支大学的马格努斯让我们熟悉了身体张力和翻正反射。我们在功能整合中运用了他的这一天才发现，我想这足以让他满心欢喜。在直立姿势下左右旋转的动作中，学习的关键是神经系统以不同的模式发出冲动，从而让人体完成所有复杂的动作。现在，假设有什么地方出了问题，比如脑瘫，在这种情况下，练习和成长不会导致通常的简单的意向行为，或者因为受伤产生类似的困难。我们已经看到，医学专家对小提琴家受伤的手臂进行了手术和护理。但真正的问题是，在他的手臂和手基本康复后，他如何更好地拉小提琴。也就是说，我们如何使神经系统的神经冲动以正确的方式和强度到达目标肌肉？

简单来说，在所有的例子中，感觉反应和意向运动行为由神经系统连接，一方面通过环境，另一方面通过肌肉和骨骼。这一系列连接中的任何一个要素出现问题都会干扰或中止功能运作。在幼儿时期，感觉、神经系统、身体活动、环境和环境反馈这些要素基本上都是完整的，但婴儿不会拉小提琴。其中一个原因是神经冲动还没有充分分化，动作也没有分化，其反应和意图行为是整体性的，尚未分级。所有的身体部位，如手和腿，都会一起做动作，不能形成任何准确的意向行为。随后，随着成长与身体功能的运作，才逐渐形成较为特定的通路，让神经突触中个别的神经冲动通过，这时才可能有更多样化的动作。比如，手指可以分开，独立做动作，甚至不同的手指做动作时也能有不同的速率和强度。这种对相似但略有不同的动作的辨别就是我们所说的分化。渐渐地，这些突触传递更多的神经冲动，每一个神经冲动都传递到不同的目的地，直到孩子开始练习写作，之后练习拉小提琴或其他什么。

我们需要了解神经系统的多重活动的细节。神经系统能感知我们的身体和环境中的物体，它有好奇心去做这些事情。即使不成功，它也会让动作不断重复，根据错误进行轻微的调整，慢慢形成通过突触的路径来书写或演奏小提琴。当神经系统重复它对环境中的某个物体的探索活动，直到成功，即满足了意图时，学习就发生了。因此，在感觉活动和动作之间存在着一种持续的相互作用，它们实际上从来都不是独立的。在由受伤导致的偏瘫病患身上，我经常可以在脊柱上精确地指出导致瘫痪者将右错认为左或将左误认为右的损伤位置。四肢不能活动不仅是一种运动障碍，也是一种感觉障碍。即使肌肉还能正常工作，当想要使用右手时，也会促使左侧肢体移动。我在旧金山教书时，斯坦福大学（Stanford University）的巴赫利塔（Bach-y-Rita）教授目睹了这一现象。当治疗脑性瘫痪或帮助一个因受伤而失去演奏技能的小提琴家时，很容易遵循功能整合的基本原理来进行。

让我们回到之前提到的那个巴黎的脑瘫女孩。她的手一直在徐动，双膝碰在一起，脚跟碰不到地面，她总是踮着脚尖走路，脚夸张地向内弯着。此外，她的髋关节活动范围受限，腰椎僵硬。你可能还记得，她是一个聪明的女孩。通常情况下，如果她不够聪明，恢复的时间会长得多。有时功能整合是一项吃力不讨好的工作，只会使患者原有的问题得到一点点改善，如果中断一段时间，取得的效果也会逐渐消失。外科医生通常会用跟腱（脚跟的肌腱）切断延长术来帮助患者，这样踝关节就可以更容易地屈曲，从而使脚跟能够着地。我见过两个孩子，他们每个人都做过3次这样的手术，分别是在4岁、8岁和12岁时。不用说，这位外科医生自己也不认为第一次和第二次手术有什么太大的帮助。有时，为了帮助患者，外科医生还会延长患者内收肌——使我们能够将膝关节靠在一起的肌肉——的长度。当然，这种腿上带支架的手术将帮助孩子改善站立方式。我对这种手术采取批评的态度，但他们的回答是："不这么做，还能怎么做？""我们至少做了些什么，让孩子站得更好，也更容易走来走去（尽管还是摇摇晃晃）"。这是一个有效的论点，但也潜在地表明没有其他选择。他们认为，这些孩子的大脑在出生时因缺氧而受损，甚至有些人认为孩子在出生前大脑就已经出问题了。从理论上看似乎也是讲得通的：只要有明显的缺陷，就可以尽可能通过手术来消除最明显的功能障碍，从而修复损伤。

功能整合从一个全新的角度来解决这个问题。正常的婴儿在成长过程中必须先学会动作才能走路。在发育的每一个阶段，所有的婴儿都会做出不同类型的动作。在这些简单动作的基础上，婴儿最终学会走路、站立等动作。但是没有一个动作是在"练习"最终动作。这些动作的完成是由身体发育过程中某个时刻的神经系统、肌肉、骨骼和身体构造状态所决定的。动物的神经系统如果不能帮助它们面对环境中不断出现的新的需求和新的机会，就没必要存在。我已经提过神经系统具有"寻找秩序"的功能。正是这种"寻找秩序"的特质，使孩子能够找到一个最终的行动模式——就像以后的学习，如骑自行车，学习者在一开始会做很多影响骑行的动作，之后他将一个接一个地抑制动作中的那些附加的、无用的、无意识的部分，并最终找到基本的、有序的、有意识的、有分化的版本。因此，年幼时学习技能（如游泳、唱歌、杂耍或其他）都普遍会有混乱的、方向错误的经历。在此过程中，神经系统在抑制了所有导致失败的、不稳定的、不可控制的、磕磕绊绊的动作之后，最终会发现一种有序的活动。本段文字，是为了让你们能够理解如何帮助一个脑瘫的孩子或成人，让他最终学会其他孩子在童年学会的东西。

假设在对我之前提到的脑瘫女孩进行检查后，我发现对她来说仰卧位是最舒服的姿势，我会让她躺在硬度合适的治疗床上，在她的膝关节下面放一个滚轮或海绵，这样就能让膝关节获得牢固、安全的支撑，她的抗重力肌肉——主要是伸肌——就可以不用通过收缩来支撑身体了。

抬起你自己的手肘，举在空中，一两分钟后，放低你的手肘，放在桌子或其他支撑物上，你肩部的肌肉就会松弛下来，因为这些支撑物在完成肌肉的支撑工作。神经系统倾向于经济高效地运作。

因此，脑瘫女孩身体的所有部位，包括腰部、颈背、脚踝都被支撑着，如果有必要的话，我会对她采用不对称的支撑方式，直到她躺下时整个骨骼都被牢牢地支撑着，就像完全用不到肌肉一样。神经系统没有受到来自脚底的任何刺激，脚踝、膝关节、髋部等处的关节没有受到压力。肌腱没有被拉伸，头部没有被抬起来，她也不用看、不用听、不用说话，也不用根据周围环境的变化来定位。从本质上说，在最小刺激状态下，神经系统达到最佳功能运作。肌肉组织的神经冲动会平静下来。与神经系统参与不同的活动相比（无论是有意识的活动还是自动化的习惯性活动），在这种状态下，意识皮质会更容易"形成新模式"。

现在，有一个有多种可能性的可塑实体在我面前。我可以改变身体压力模式，这种压力模式是系统使用不当所导致的。虽然我这么说，但这在一定程度上是无稽之谈，因为我无法实现改变，从而使不同的神经冲动模式到达所有的肌肉。我只能触碰、拉、推、按、摸等，并以一种更有秩序的方式来做这些事情，更像是让系统安静下来，如同婴儿和儿童躺着放松时所发生的那样。我能够提供重复的、一致的刺激，感觉到我所处理的神经系统是否能够以不同于开始时的方式做出反应。在重复20次或更少的次数后，我能感觉到，躺着的那个人会收回他所习惯的模式，并能感觉到他体内一个新的神经组织模式正在形成。这是真正的进步，因为他的神经系统现在对一个中性的环境做出了正常的反应。脑瘫患者的功能运作——兴奋、抽搐、手足徐动、不稳定，都不能像一个完好的系统那样对环境的刺激做出有序的反应。但是现在，这个脑瘫的孩子躺在治疗床上，第一次做出与所有正常的孩子一样的反应。

身体上有一个非常重要的部位，它的位置会影响一个人在站立或做其他动作时整个肌肉组织的张力分布，这个部位就是头部。正如我已经说过的，它是我们身体中很重要的一个部位，承载着我们与空间、声音、光线和气味联系起来所需的所有器官。当身体躺着时，头不动，所有的远距离感受器也处于不活跃状态。当环境中有非常细微的变化引起我们的注意时，或者，当我们有了执行细微动作的意图时，我们就会左右转头——当然，在做出快速、有力的动作和反应时也是如此。读者可以参考任何一本现代生理学书籍，或者重读我的《身体与成熟行为：焦虑、性、重力与学习》，了解头部的旋转如何影响整个肌肉组织的张力变化，以及人体突然失去平衡后，如何唤起眼睛和头部自身的翻正反射。我可以把我的手放在躺着的那个人的头上，然后非常轻柔地带动他的头左右转动。一个智力超群、情感丰富的人，他的感官和他的内心感受一样灵敏，他的头会顺从于我手的轻微动作，他的头部动作就像你能买到的最好的手工瑞士表一样运转流畅。在同样的方式下，很多脑瘫患者的头部只能左右转动不到3厘米，他们的头部移动不能很好地应对环境变换。头部只有在特定的方向上做动作时，才能使身体跟随它移动；而在其他所有的方向上，头部都被牢牢地固定着。在这种情况下，头部不能做出流畅的动作——除了在特定的、有限的方向上的头部动作会或多或少流畅一些。

我曾经用自己的双手触碰了成千上万个被认为正常、健康的人的头部。他们中有几十个非凡的人，每个人在自己的领域内都是标志性人物，他们可以非常流畅地左右转动头部。在本书中，我已经提到了其中的一些。绝大多数人都介于优秀者和脑瘫患者之间。简而言之，只有在少数情况下，人们才能完全发挥出他们天赋的潜能。

躺在我们面前的那个人是残疾的，她无法理解自己极不稳定、大范围摇摆的动作。她没有成功地找到一个重复的相似点，从而形成一个清晰的、更好的行动方式。因此，我用自己代替了她早年的环境（包括重力环境和人）。我让她的头部重复做出相似的动作，这样，即使功能运作不正常，她最终也能识别出有序的可能性。为了做到这一点，我可能要用一只手持续做启动性的、柔和的、小到难以辨认的头部转动动作，同时用另一只手触碰她头以下的部位——那里可能更僵硬。这种僵硬状态使得头部不可能进行大幅度的或更顺畅的转动动作。一个密尔沃基支架（Milwaukee brace），或者在健康的胸廓上使用石膏固定，都会导致其头部的转动受到严重限制，就像严重的脑瘫患者一样。即使是正常的骨架，为了不出现脱臼的情况，7 个颈椎也不能旋转太大幅度！12 个胸椎旋转幅度也很小，但是 5 个腰椎比其他椎体旋转的幅度稍大一些。只有寰椎与枢椎（即颈椎最上面的 2 个椎体），即使在出现强直性脊柱炎或变形性骨关节炎时也能进行明显的旋转。它们是最后出问题的椎体，实际上可能永远也不会出问题。

当我不断地、缓慢地用放在她前额上的一只手让她的头做动作时，会用另一只手促使她的胸骨、肋骨做动作，如果有必要，甚至会让她的骨盆做动作来增加头的转动幅度。我会首先加大她身体一侧的动作幅度，并让她的动作变得更轻松。这一侧的身体也会慢慢变得柔软，做动作更容易，眼睛睁得更大，呼吸更轻松，之前僵硬的部位也会变得更柔软。

在躺着的状态下，一旦意识到头部和其他部位的动作变得更轻松，她通常会放松地舒一口气。对身体的另一侧，我会采用同样的处理方式。我大概需要花 10~15 分钟把旋转角度从一个几乎无法察觉的状态增加到双向 20°~30°。之后，我用双手抱起她的头，将头抬离床面，就像一个健康的人在坐着时头与身体的排列一样，我会让她在躺着时处于一样的头和身体的排列状态。在通常情况下，这样会使膈肌移动，下腹部开始上下起伏。她的呼吸明显放松，更有节奏。在这样的前提下，下次只需要几分钟就能得到进一步改善，获得更好的功能。重复不是一种非常有效的基本学习方法，但它可以使人很快熟悉业已习得的知识。学习是指在探索之后，从未知到已知的过程。在第二次、第三次课程开始的前半部分，我会花几分钟巩固一下前一次课的学习成果。来接受帮助的人应该会从我的手上感受到我友好的态度，而不会有任何被强迫或操控的感觉。在每次课程中，我都会加入一些新的、无法预见的、出人意料的（动作）元素。神经系统要一直保持警觉、好奇，并一直保持兴趣，否则学习就会出现停滞，学习者会有无聊感，会感觉没有学习的价值。

许多脑瘫儿童和成人的手臂和手指会痉挛。他们的手腕通常很僵硬，不能屈曲。一般情况下，前臂尺骨不能绕着桡骨旋转。

尺骨位于小指一侧。桡骨是前臂拇指一侧较大的骨骼。若前臂缺乏灵活性，意味着肘部也不能很好地移动。很明显，肩胛骨和锁骨的活动也会有问题。总之，脑瘫患者全身都会表现出症状，只是某些部位的表现比其他部位更明显。肩膀和手臂已经不灵活了，学习完全有意识地使用它们是不可能的。我在上文已经给出了理由，甚至重复好几遍了。

我会握住躺着的人的右手，慢慢把手放在他的胸前。通常情况下，即使我用非常温柔的方式拉他的手，他的手臂也很难跟随我做动作。这时，我就会停止拉的动作，用我的右手支撑在他痉挛的右手臂的肘部，并且以更慢的速度来来回回做动作。这时，我使用了两只手——一只手拉住他的手腕，另一只手推动他的肘部。通过这种方式，他的右前臂会以朝向左下颌的方向朝胸部移动，但在整个过程中，我都不会增加拉和推的力量。然后，我会在不松开手的情况下，把他的右手移回正常的位置，等他下一次呼吸时再做一次。在做了几次动作后，我会不断减小自己的力量，在这种情况下，如果我没有感觉到被拉的手臂能够更容易、更大幅度地跟随我做动作，我就会放开他的肘部，把我的右手滑动到他的肩胛骨下，帮助他的肩胛骨做动作，从而使他的肘部动作更加容易，同时我会帮助他的右手腕朝向左脸颊方向移动。通常情况下，手腕会这样做20次左右越来越细微的动作，最终几乎能接触到下巴。在这个时候，我会松开他的肩胛骨，帮他再做一两个肘关节的动作，然后松开其肘关节。我将他的手腕固定，尽可能多地转动他的头部，以便让头轻松地碰到手腕。在课程结束时，他的右手掌就可以接触到左脸颊了。此时，我将再次握住他的手肘，将自己的左手从他手腕处移开，在他手肘后部轻微地施加压力，使他的手掌实实在在地贴在脸颊上。如果不能帮助这个人达到这种状态，我会暂时放弃。下一次我将以完全不同的方式进行。一般的脑瘫患者在完成课程后，在我的右手轻推其肘部、左手将其手背压向脸颊的情况下，患者的手掌完全有可能触碰到自己的嘴和脸颊，并保持在那里。

达到这个程度后，脑瘫患者自己就可以学会做这个动作，并且可以很容易地做到。整个动作背后的想法是，所有的婴儿在一开始并不是有意地以不同的方式移动他们的肢体和肌肉。我的意思是，婴儿会把两个拳头放到嘴里。一开始，他不能在将一只手移到嘴边的同时用另一只手挠头。神经系统在通过突触引导神经冲动之前，需要一个漫长而渐进的功能发展过程。即使是执行一个简单的动作，如刻意用拇指尖抵住示指尖，抑制邻近的手指不动，从而形成一个明确的、他想要的微妙动作，对婴儿来说也是很困难的。他会在相当长的时间内，一起移动许多部位。因此，无论出于什么原因或意图，在没有正式老师的情况下，婴儿自发地将右手掌放在左脸颊上需要经历好几个月的成长和学习。开始时，他会把双手举到嘴边；过一段时间，把它们带到自己的脸颊；然后，只用一只手，不用另一只手。孩子会从一个他选择的老师——一个他喜欢的老师那里学到一些东西，再从另一个老师那里学到一些东西，然后再从其他人那里学习其他东西。他是如此地投入和感兴趣，以至于他能感觉到他正在执行的行动，能敏锐地感觉到自己正在做什么。因此，整体性的、粗糙且缺乏控制的动作会有一个逐渐分化的过程。

你现在可能发现，当我用右手帮助他的肘部做动作、左手帮助他的左手做动作后，脑瘫患者的右手掌可以放在他的左脸颊上。之后，我的右手会帮助他的肩胛骨做动作，让他的头在转动过程中活动肩部肌肉，他的肩部和头，以及右侧的胸部开始像一个整体一样做动作。这让人想起了婴儿的状态，那时连接手臂与头的肌肉什么也没做，因为在拳头接触到嘴时，婴儿是通过扭转他的胸廓来移动头和肩膀的。同样的，当我在对脑瘫患者进行功能整合时，尽量不让他的头和肩之间的肌肉参与任何活动。正如我们所看到的，神经系统需要几分钟或10~20次练习才能意识到它有让所有肌肉保持安静的能力。脑瘫患者或许会在人生中第一次感到，原本无论有没有想动的意图都在不停收缩的部位，现在没有动作出现了。

在课程中，我会利用原始的、未分化的动作和反应。它们中的许多都以某种形式储存在我们的系统中，一般健康人不会使用。吸吮反射就是一个很好的例子：婴儿在靠近乳头时会噘起嘴唇。成人在发出长长的"O"音（比如"good"或"hoo-hoo"）时也会以同样的方式组织嘴唇动作。有些孩子在停止吸吮后，嘴唇还会将这个动作保持一段时间。然而，大多数成人只有在刻意时才会做出吸吮动作。另外，一个受过创伤的成人、情感上极度不安的人，或者精神崩溃的人，如果他的上嘴唇被突然的、快速的敲击刺激，他就会像吸吮时一样噘起嘴唇，甚至会不由自主地反复吮吸几次。这种休眠的、现在毫无用处的行为，在婴儿期却是最活跃和最重要的动作。

在课程中，我利用了许多在婴儿期被使用、之后被放弃的动作和反应——它们都被储存于记忆库之中了。当人们在脸朝下的时候，双臂会保护性地伸展，我们刻意制造脸朝下的情境，以便让学员有意识地伸展从未伸直过的双臂。为了做到这一点，我必须支撑并引导他的肘部、手腕和肩膀，让他以正常的方式对我的手的刺激做出反应。我会让脑瘫患者学习识别他所做的无意识的重复动作，直到他自己能够独立地把动作实际做出来。神经系统通常以类似的方式学习，但脑瘫患者的神经系统无法单独完成这种学习，因为意图相似的动作之间存在巨大差异。对于一个人来说，要从他所有的学习情境中看到在相似的尝试中出现任何清晰的模式，是很困难的。

我已经找到了大量这样的可用于脑瘫患者的方法、情境和动作。其中一种方法或技术叫作"人造地面或地板"，是一个有效的辅助方法，可以帮助患者站立和行走。下文我会详细描述它，以便你更容易掌握功能整合背后的更宽广的思路。

没有受到外界伤害的肌肉通常功能良好，除非神经系统有某种紊乱或疾病。在大多数肌肉功能障碍中，要解决的问题是预期动作的神经冲动如何通过神经以正常的方式到达肌肉。通常情况下，我们的意图足以提供为完成所有动作所需要的复杂神经冲动模式。在大部分情况下，我们的意图是由环境透过感觉器官引发的，我们的很多能力也都是这样产生的。要判断一个特定的动作是对环境刺激的即时反应，还是我们自己引发的，并不总是那么容易。从一开始，在不断成长的生物体和它不断变化的环境之间就有一个持续的交互机制。即使我们确信是我们自己希望并引发了这一动作，但如果我们在那一刻之前审视一下我们的生命历程，还是可能会对它产生怀疑。

动作失败的原因可能在于自身感觉或运动器官的缺陷，或者两者都有。在功能整合中，我主要关注我所寻求的功能。感觉和运动细节之所以有价值和重要，只是因为它们是完成功能所需要的。这听起来像在吹毛求疵，当我们的身体没有出现问题时，这确实是吹毛求疵，但当我们必须恢复失去的功能时，这就变得至关重要了。在本来连续的、功能正常运作的通道或路径上传递的神经冲动有一个缺口或中断时，我们要如何使由我们的意图开始的神经冲动到达目的地？

下面，我将介绍一下我是如何使用人造地面或地板来进行功能整合的。就像前文描述的那样，这个人安全地仰面躺着。他的脚伸出操作台 10 厘米左右，刚好能把脚跟伸出操作台。在这之前，我准备了一块木板，长 45 厘米，宽 30 厘米，有一定的厚度，让人感觉很坚实，实际上，这块板子就像奶酪板一样。

我双手握住这块木板，板面朝向他的脚底，把它移向一只脚的脚掌，木板始终保持垂直，靠近脚，再向前移动，直到接触到小脚趾。之后让木板反复地离开、再触碰，直到他的第二个脚趾出现细微的动作。然后，我倾斜木板，只接触他的小脚趾，然后同时接触 2 个脚趾（小脚趾和第四脚趾），这样一直到 3 个、4 个、5 个，也就是包括蹞趾在内的 5 个脚趾都接触到木板。一旦所有的脚趾都接触过木板后，我会移动木板，使之与脚跟接触，然后再返回去与脚趾接触，持续反复这样做，直到我观察到他的踝关节出现了动作，这时他有可能会做一个流畅的踝关节动作。在这之后，我会把木板倾斜，接触其小脚趾一侧的脚外侧部位。我会让木板交替触碰其蹞趾的一侧与小脚趾的一侧，直到我感觉到他脚部的转动。慢慢地，脚部的转动动作会更柔和，会出现或多或少的正常动作。就像站在倾斜的地板上，或者站在不平坦的、有不同倾斜角度的瓷砖上一样，他得慢慢地学会用脚底稳稳地站立。

　　一个健康的、协调良好的生物可以适应沙地、鹅卵石地等各种形式的地面，当然，腿、骨盆和头部也会进行相应的调整，以始终保持安全站立状态。躺在治疗床上的人的抗重力肌肉处于静止状态，因为除了我所用的板子对他的刺激外，他没有接受到站立时所产生的任何刺激。所有身体关节、肌肉和肌腱的感受神经末梢都只需要对他的脚在模拟的不平整地面上行走时的刺激做出反应。当这些刺激延伸到整个脚底，我会以足够慢的进度改变木板的倾斜度，从而让躺着的人不断地（对可能的地面变化）自我调整。我可以感觉到他整个腿的动作反应，就像他在真的站着一样。在大约30分钟内，完成功能整合的这一侧脚以及这一侧的身体的张力就会发生变化。这种变化会逐渐扩散到他的颈部肌肉和眼睛，因为头部也要参与保持平衡。

这样，身体发出一连串的神经冲动，为那只脚站立做好准备。如果神经冲动因为没有正常的通路而无法到达腿和脚掌的肌肉组织，我就通过对脚掌的持续刺激发送神经冲动，使之到达它们的目的地，就像它们在婴儿和儿童早期时那样。

有些方法体系采用被动或主动地操作身体各个部位的方法来使人康复，但功能整合比这些方法要有效得多。一方面被动运动的方式几乎不可能在突触的树突中形成新的通道。另一方面，积极努力的步行运动所涉及的动作与实际所需要的完全不同，即使在最好的情况下，结果也只是患者能严重扭曲地站立和行走。有时这个人在我不使用人造地板技术的情况下也能恢复正常。然而，采用人造地板技术，不仅节省大量的时间，而且能得到最佳的功能恢复，改善动作的品质。关注整体功能的做法可以以一种和谐的方式激活和模拟感觉–运动学习过程——就像它最初发生的那样。当其他一切方法不起作用时，采用人造地板技术通常会取得成效。此外，它对正常人也可以起到神奇的作用。

通过个人经验，也许你会更坚信我所描述的方式是有效的。穿着袜子或光着脚站在墙边，面对墙壁。把右手放在墙上，肘部稍微弯曲。右脚站立，左脚稍微向后移动，左脚跟不要触地，左脚的作用只是保持身体平衡。左脚几乎处于休息状态，就像你走路时完全把体重压在右脚上一样。

尽量轻松地站着。现在，移动身体，让你的右脚外侧受力更大，但不要太用力，只要让脚外侧稍微多承受点重量就可以。接下来，慢慢地、轻轻地转动右脚，从而让右脚内侧承受更多重量，然后再将重量转移至右脚外侧。重复这两个动作十几次，每次在做改变脚底受压部位的动作时，减少右手臂和右手不必要的用力，保证呼吸非常自由。

现在，把右脚跟抬离地面，然后慢慢地放回地面，并让脚跟承受的重量更多一些，你需要把前脚掌和脚趾抬离地面。前后来回做五六次。自由呼吸，再做五六次脚外侧与脚内侧交替承重的动作，就像开始时一样。在做动作时不要忘了，左脚只是用来保持平衡的，左脚跟不要触地。现在，正常走路，注意身体右侧、右腿与身体左侧、左腿之间的区

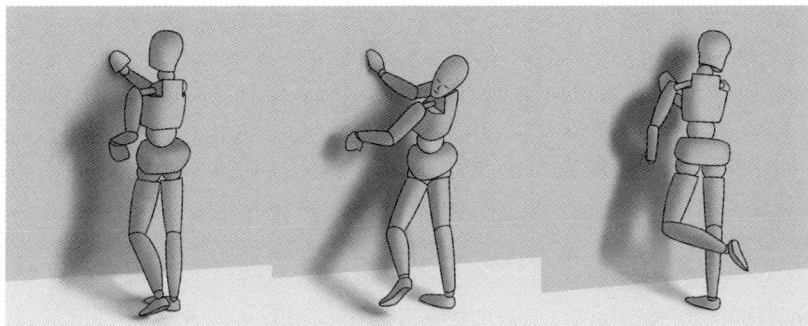

别。通过这个小课程，你可以想象一下：如果你躺着而不是站着，在学习改变脚底压力分布的课程后会产生什么效果？即便如此，你现在可以感觉到整个身体右侧肌肉的张力有很大的不同。

轻松地用心检视上面这几张图片，看看头部如何转动，骨盆和腿的动作如何变化，以及手是如何靠在墙上的。

运用你的想象力来创造其他动作。做动作时要缓慢地进行，先从非常小的动作开始，然后逐渐增加幅度。在做了8次或10次尝试后，你就有可能达到你的极限。用同样的方式尝试不同的动作组合，你会发现动作幅度还会增加，最终超出你的预期。你的动作会变得更轻松，也会带来整体性的姿势改善。如果我错误估计了你的想象力，那就表示你比你以为的更需要这种方法。

小结

功能整合从根本上来说是以非语言方式进行的。从功能整合课程中获得改善的人可能做过手术，如椎板切除术或截肢，或者患有脑瘫，或受到任何一种损伤，他们已经失去了帮助自己的能力。处在类似情况下的人会失去自信，他们的自立能力受到了极大的损害，大多数治疗方法即使有效果，也只能带来表面的改善。

儿童早期形成的最深层的动觉也会因伤害受到影响。由于外部世界的刺激，人会回到自己的世界中，完全专注于内在发生的变化。如果没有运动皮质和感觉皮质神经功能的彻底变化，就不会有顺畅的眼部动作、头部的转动、脚底压力分布的变化、肋间肌紧张度降低和为了站立的清晰感觉而具备的抗重力肌肉模式。

肌肉张力变小，一种幸福感油然而生。呼吸变得有规律，脸颊更加红润，眼睛更明亮、更湿润，视野更开阔。最后，这个人会揉揉眼睛，仿佛刚从闲适宁静的梦中醒来。大多数人太忙了，错过了一些无价的东西。他们应该尝试功能整合。

第十章　显然即费解

很多事并不那么明显。大多数心理疗法通过言语让患者获得无意识的、被遗忘的早期经验。然而，早在学会说话之前，我们就已经有了自己的感觉。有些人不注意说话的内容，而是注意说话的方式。这样做可以使人找到短语结构背后的意图，从而直达感受。简而言之，一个人如何说、做了什么至少和他说了什么一样重要。

熟悉会使事物、行为和概念变得明显。我们对说话如此熟悉，以至于有关它的一切似乎都是显而易见的。对身体的熟悉感会让我们对它的总体认识更加明显。学习、思考、做梦以及几乎所有其他我们熟悉的事物都是如此。

我的论点是，说话不等于思考，尽管我们"显然"认为它们是一回事。大多数人可能都很难承认这是对的。我宁愿说，对我们来说，"显然"的东西其实包含了我们在科学上的无知，我们需要对任何我们认为值得的事情有更多的基本理解，并不断进行学习。

我们对看似显而易见的现象知之甚少，甚至常常一无所知。将一盒火柴放在我们可以看得到的范围内（不同的距离和位置），我们都会觉得它具有同样的大小和形状，这是怎么回事呢？我们怎么吞咽？小孩子在会说话之前就会思考，海伦·凯勒（Helen Keller）在学会自己的说话方式之前，肯定也是能够思考的。动物的行为也常常使我们确信，它们即使不会说话也能思考。语言，更重要的是书面或印刷文字，在我们作为一个物种的发展中发挥了不可估量的作用。许多人认为它可以和我们的基因禀赋一样重要。语言为我们提供了信息，也让我们有能力做其他动物靠本能做的事情。与强壮的动物甚或是弱小的动物相比，人类的本能就像人类的身体一样脆弱。尽管如此，由于语言，我们可以获得思考的经验。我们继承的是伟大的艺术创作、纯粹的知识、以书本形式记载的巨大文化宝藏，包括数学、音乐、诗歌、文学、历史、科学、几何、解剖学、物理学以及哲学、语言学、语义学。然而我们很难判断智人到底只是生物结构的产物，还是也包含了他的智力天赋，而这个天赋因为不同形式的语言才发挥作用。

然而，我认为，在自我认知方面，语言是一个巨大的障碍。各种可用的心理疗法会分析人的想法，但治疗师需要花费数年的时间才能理清我们内心的想法，才能让我们说出我们所说的话——而这些话是被分析的对象。在自我认知中，一个人如果不解开思想和语言之间的联系，就无法获得基本的信息。我们的思想和语言并不是生来就不可区分的。我们花了很多时间学习说话，却没有注意到获得了错误的观念，以为说话和思考是同义的。文字是象征（symbols），而不是符号（signs），与数学不同。

当我说"我想要"时，我的意思可能是我渴望、我需要或我缺乏。当我说"我想要"的时候，我在想什么？我相信，我只是从我的思考中选择了几种有细微差别的意思中的一种，而这正是我希望与另一个有思想的人交流的内容。我发现，有些新的细微的差别对我来说是显而易见的，但是语言交流只能表现我的某一方面的想法。因此，除非我非常严谨，否则我可能会表达出我本来并未想表达的想法。此外，就算与我交谈的人确实听清楚了，他也很可能把我的话理解成另一个意思，而非我的本意。你可以看到，这个基础是多么不靠谱。我说我想成为一名作家，但自我审视之后我发现，我只是在描述我所缺乏的东西。我不是一个作家，我所说的只是一个一厢情愿的想法或愿望，所以对我自己及听我讲话的人来说，我的话语真的不是思考，而是一个模糊的象征，它指代了一个很大的领域或一组概念，甚至可能包含与之相反的意思。

　　大家只要想想上帝、真理、正义、诚实、理想主义、独裁等在不同的人类社会中意味着什么，就能明白我们的许多麻烦在于我们混淆了语言和思考。思维有更多的功能，包含了多种可能的表达形式。语言是一个连续的事件，因为在时间上，构成语言的单词是一个接一个出现的，从本质上说，它们不能交流思想，因为思想所包含的内容更宽泛。表达思想的方式总是不止一种。人类之间大多数激烈的讨论和分歧大都是由于混淆了说话和思考。几乎所有参加裁军会议的代表都认为应该裁军——否则这样的会议就没必要开了。由于思想披上了表达的外衣，大家所说的内容各有不同，没有人能从语言中辨认出其中的思想，因为这些思想可能多种多样，以至于需要几十年的声明来说明自己的意图，而语言在时间上是一连串的事件。

大脑诸多部位（纹状体、苍白球、垂体、杏仁核、下丘脑、丘脑、海马体和两个大脑半球）的所有功能都由一组肌肉来运作，这总是让我感到特别不协调。当然，肌肉可以进行不止一种收缩：肌肉震颤、阵挛性动作、痉挛性收缩等。在身体和肌肉中不应该有相应的定位功能吗？只有一组肌肉负责大脑的所有不同部分，这一事实为我们理解神经系统的统一性和不同功能的定位提供了线索。动物的动作和人的动作一样，显示出相似的组织方式。在身体中，手指和脚趾的作用不同于肘部、膝关节、肩关节和髋关节。手指的任何动作，无论是弹钢琴、数钞票还是写字，我们都必须把整个骨骼连同它的肌肉移动到钢琴旁、银行里或桌子附近以配合手指完成动作。精细动作的完成靠的是手腕、手指、脚踝和脚趾，但整个肌肉组织都参与其中，将四肢带到它们做动作的地方。肩关节和髋关节需要更大的力量，它们参与将身体移动到需要灵巧的手指工作的地方。肘关节和膝关节参与人体的所有技能。但同样的，整个人必须参与到跳跃动作中来，双手必须握住竿子才能做撑竿跳。粗略地说，握住竿子和撑竿跳本身是有区别的。动作的定位现在变成了一个模糊的、牵强的划分。

同样，数钱的动作并不能在大脑的任何部位找到定位，就像手指本身并不是点钞机一样。在每一个行动中，整个大脑都是活跃的，就像整个身体都参与做动作一样。很明显，大脑已经让整个身体移动到钢琴边上，然后必须调动听觉器官、运动皮质〔（手指（按琴键）、脚（踩踏板）、伸肌（坐）〕，头部，甚至整个身体。

这个方案之所以有意思，是因为下述想法：身体在任意两个活动之间都必须经过直立的形态，大脑也具有一个瞬间通过的中立位状态。可以说，在一个活动和下一个活动之间需要一次清理记录的活动。正如站立可以被认为是移动这个动态过程中的一个特殊点，从一个活动前往另一个活动时，大脑的静置是必要的。我相信清除记录的过程可能仅需要几毫秒，因此，除非转换过程有缺陷，否则很难被发现。因此，我认为，脚踝扭伤和咬到舌头是在静置还没有完全完成之前，两种行为相继发生所导致的。当我们开始一个新的意图，而前一种行为尚未完成，因此，新的意图在静置过程完成前就发生了，从而导致我们同时做了两个不相容的动作。

以三角形为例，当想法包含了我所知道的有关它的一切，甚至我可能发现的一切，我还能怎么谈论三角形呢？我对于困境或问题的兴趣都是可以落实到实际操作上的。对于处于困境中的人、希望缓解身体疼痛的人、天生患有脑瘫的人、受过伤害的人或已经养成了身体习惯的人——这些习惯具有自我导向（感觉不够）和自我毁坏（感觉不值得）的性质，我会从他们身体上收集信息并与之交流。通过我的方法，我希望传递一些可以帮助人们通过自我导向的身体重新组织自己的行为，使其生活更容易、更简单，甚至更愉快和更有美感。此时，有必要指出的是，自由选择与思考密切相关，当我们向别人诉说，与别人交流或者是与自己沟通之后做出决定时，自由选择就消失了。自由选择本质上是指从不同选项中进行选择。在思想上，我们选择了某个选项并传达它——在把思想用语言表达出来之前，我们的思维中存在着几种不同的选项。

在生活中，没有其他选择意味着焦虑和强迫。沿着地板上的一块木板行走，在我的建议下你可能会这样做，但不认为我的建议有什么用，因为你确信你可以在轻微地失去平衡时及时调整过来。你很确定，因为你有选择，比如踩到旁边以调整你的平衡，然后回来继续在木板上行走。想象一下，把木板抬到30厘米的高度，你会如何在上面走；把它抬高到3米左右，你又会如何在上面走。你会发现，选择的减少——在这种情况下你没有把脚踩在木板旁边的选择——会增加焦虑，使思考瘫痪，更不用说实际执行了。你对恢复平衡的可能性的怀疑是有根据的，因为你的平衡能力还没有达到这么卓越的程度。然而，这是可以做到的。事实上，有人已经通过在钢索上行走，从世贸大厦的一个楼顶走到另一栋大楼的楼顶了。

需要再次强调的是，没有选择就意味着焦虑。自由选择意味着至少还有另一种方式。当我们不得不采取我们所知道的唯一的方法时，所谓的"自由选择"是毫无意义的。自由选择意味着有不同的可供选择的行动模式，这样你就可以选择你最想要的方式。选择不行动，实际上是根本没有选择——这不是生活。

有意的、自主的动作，比如让你的手沿着一个轨迹行动时，可以停止、再继续、反方向做动作，或者你可以转而去做其他的事情。自主动作意味着自由选择。防御性、反射性的动作具有"全有或全无"的性质，它是原始的、不带有意图的。这样的动作只有在面临危险必须进行自我保护，而且没有时间选择的时候才有效。在面临危险必须进行自我保护且没有时间选择的时候，我们要么自保，要么受伤，要么彻底灭亡。

正如我上文所说的，看似显而易见的东西，却是难以捉摸的。当我们试图探寻思考的主要根源时，我们会进入深处，在那里，很难看出难以捉摸的是否比显而易见的更明显。因此，我们有可能认为，自由选择只存在于思维过程中。一旦思考转化成了行动，甚至尽管只是说出来，就会木已成舟，选择也就永远消失了。我们显然需要更多的探索与更清晰的思考去理解世间为什么需要神经系统。意识是做什么用的？为什么只是清醒地做工作是不够的？在失去意识后，我们在恢复意识时通常首先会问自己："我在哪里？"知道自己现在身处何方，以及对自我引导的大体认识是神经系统的意识功能吗？如果我们知道这个问题定位于大脑的哪个部位，我们会更全面地理解这个问题吗？

这里我们牵涉到了一个非常棘手的话题。大脑中的功能定位，比如说话或书写，已经被很多人证实，以至于对这一概念或构思的正确性的任何质疑几乎都会被人认为是异端邪说。只有少数人考虑到大群组的功能，如后脑、边缘系统和前脑。没有人会坚定地认为，语言仅是一种位于布洛卡区（运动性言语中枢）的新皮质的功能。然而，人们已经广泛认同，基本的原始肌肉随意动作定位于大脑皮质的不同区域，以至于在所有不同语种的关于神经生理学的书中都有彭菲尔德的大脑皮质功能定位图。彭菲尔德的这个概念非常成功，很多不同的实验室也证实了他的概念，且有关功能的定位也更为精细。

任何行为几乎都可以根据意愿复杂化。试想一下你一边吸烟一边开车，也不忽略身边的朋友，并且同时倾听和观察着车里的一切。据说恺撒大帝和拿破仑能够同时读、听和写三封信。然而，我们不能同时行动和不行动，虽然这在表面上看起来不会比上面驾驶汽车的情况更复杂。一个牵涉到全身的行为，会牵涉到整个大脑吗？停止一个行为在某种程度上类似于改变身体的移动方向。在从一个行为切换到另一个行为的过程中，必须有一个间断，一个速度为 0 的时刻。

我想，话题就不再深入下去了，聚焦于目前的少量思考与大脑功能，我认为已经足够了。毕竟，这是理解大多数能量及其物质化现象的一个有用的方法。

小结

一个人越是去研究显而易见的事情，就越会陷入更深的深渊，在那里，全是难以捉摸的事情。语言是许多研究者关注的焦点。在我们使用"显然"这个词并表达它的意思之前，有必要对语言的起源有更深入的了解。

第十一章 结语

我相信，就在此时此刻，大约有 100 个人在思考着与这本书中讨论的想法相似的概念。我认识其中一些人。在过去 35 年里，在我主持的许多国家的讲习班中，一个讲习班通常涉及数百人甚至数千人，我总是发现至少有一个人以他自己的方式发现了与我的方法体系相类似的东西。这些事实使我确信，我正朝着此刻最需要的方向前进。

我的工作方法有广泛的实践的可能性，现在也正在被广为实践，但任何一本书都不足以充分展示这个方法的要素。我的助手、学生和我自己已经接触了来自 8 个国家的数万人。在过去的 3 个月里，我们在美国、瑞典、加拿大、荷兰、法国、德国、瑞士和以色列工作。我教过政治家、演员、音乐家、管弦乐队指挥等各行各业的人。我帮助过脊髓灰质炎患者、受伤的士兵、在汽车和工业事故中受伤的人、游泳运动员、潜水员等。那些患有似乎无法治愈的疾病和慢性功能障碍（如脑瘫、姿势缺陷和呼吸困难）的人得到了超出他们预期的帮助。我希望，我至少提供了一种适用于所有人的教学原则，无论他们从事什么活动。迄今为止，我的方法已经取得了成效，但这种方法"能做什么，需要去做什么"，还有待继续探索。

学会培养个性会使社会有更好的个体。我们的思维能力将得到提升，因为我们的大脑将与一个比以往任何时候都丰富的环境连接。今天，电子管被晶体管、芯片所取代，使得计算机的普遍应用成为可能，这是几十年前天才们做梦也想不到的。通过团队合作，个人思维能力也得到了提升。过去的限制使我们只用了大脑功能的 10%。大多数人并没有达到自己有机学习的最大限度，这就是他们的局限性和对自己整体利用不足的根源。

例如，一个优秀音乐家的成长过程，巅峰时期使用的大脑功能仍然只占他总能力的 10%。我们每个人都有一两个大脑使用巅峰，剩下的只是潜力。

人类经历了各种社会危机——通货膨胀、经济衰退、能源短缺、生态问题，因此，未来的情况可能比我们想象的还要糟糕。过去所有伟大的文明都有奴隶的参与，奴隶对文化的发展至关重要。知识和能力的增长消除了奴役和苦工。

几乎一直到现在，人类才能用自动化工具取代某种形式的奴役，自动化工具是你能想象到的最完美的"奴隶"。但这一独特的创造将给我们带来无法想象的麻烦。我们将来不用为生活必需品付出代价，就好像呼吸不需要付费一样，但我们必须重新学习自己已经知道的任务。自动化工具和自动化工厂将使大多数工人失业。要实现这种普遍的自动化，你需要一种新的大脑能力，而这需要大约 25 年的时间来形成。随着人口的增长，25 岁的年轻人都将在 55 岁或 60 岁之后退休，不论他们多么聪明。中年人要供养

25 岁以下的年轻人和 55 岁以上的老年人。我们现在可以看到，除非我们学会以另一种方式来思考我们所知道的事物，除非我们扩大和深化我们的选择自由，并人道地使用它。

这本书所倡导的学习是非常必要的，现在也有必要普及。为此，我们在旧金山成立了费登奎斯协会（Feldenkrais Guild）。目前，有 100 多名[①]从业者在美国、加拿大、以色列和欧洲各国工作。此外，纽约的费登奎斯基金会（Feldenkrais Foundation）也在促进我们工作的发展，并为世界各地的媒体制作音像、书籍、文章和采访记录。目前，费登奎斯基金会已经宣布了他们的工作目的和优先事项，他们会出版所有可用的资料，从而让动中觉察课程[②]被那些希望改善自己生活的每一个人接触到。

[①] 本书英文版出版于 1981 年，现在从业者数量已经远远不止这个数字。2018 年中国开始举办费登奎斯师资培训，截至 2021 年，已经有 4 届师资学员在学习中，未来中国也将有更多的费登奎斯师资学员和相关从业者。——译者注

[②] 费登奎斯工作方法分为针对团体的动中觉察课程和针对个人的功能整合课程。——译者注

参考文献

[1] Bateson, Gregory. *Mind and Nature.* New York: E. P. Dutton, 1979.

[2] Bernal, J. D. *The Physical Basis of Life.* London: Routledge and Kegan Paul, 1951.

[3] Blechschmidt, Erich. *The Beginnings of Human Life.* New York: Springer-Verlag, 1977.

[4] Clark, Le Gros. *The Antecedents of Man.* Edinburgh: Edinburgh University Press, 1959.

[5] Darwin, Charles. *The Expression of Emotions in Animals and Man.* London: Murray, 1904.

[6] Dunlop, Knight. *Habits: Their Making and Unmaking.* New York: Liveright, 1949.

[7] Erickson, Milton. *Hypnotherapy.* Irvington, NY, 1979.

[8] Erickson, Milton. *Hypnotic Realities.* Irvington, NY, 1976.

[9] Fulton, John. *Functional Localization in the Frontal Lobes and Cerebellum.* London: Oxford University Press, 1949.

[10] Hanna, Thomas. *The Body of Life.* New York: Alfred A. Knopf, 1980.

[11] Huxley, Julian. *The Uniqueness of Man.* London: Scientific Book Club, 1942.

[12] Keith, Arthur. *The Human Body.* London: Thornton Butterworth, 1912.

[13] Monod, Jacques. *Chance and Necessity.* New York: Random House, 1977.

[14] Ornstein, Robert. *On the Experience of Time.* London: Penguin Books, 1969.

[15] Poincaré, Henri. *Science and Hypothesis.* New York: Dover, 1952.

[16] Rosnay, Joël de. *Les Origines de la Vie.* Paris: éditions du Seuil, 1966.

[17] Schilder, Paul. *Mind, Perception and Thought.* New York: Columbia University Press, 1942.

[18] Schrödinger, Erwin. *Mind and Matter.* Cambridge: Cambridge University Press, 1958.

[19] Schrödinger, Erwin. *Science Theory and Man.* New York: Dover, 1957.

[20] Speransky, A. *A Basis for the Theory of Medicine.* New York: International Publishers, 1943.

[21] Thompson, D'Arcy. *On Growth and Form.* Cambridge: Cambridge University Press, 1952.

[22] Young, J. Z. *Doubt and Certainty in Science.* London: Oxford University Press, 1951.

[23] Young, J. Z. *Introduction to the Study of Man.* London: Oxford University Press, 1971.

[24] Young, J. Z. *The Memory System of the Brain.* Berkeley: University of California Press, 1966.

关于作者

  摩谢·费登奎斯博士（1904—1984）是一位杰出的科学家、物理学家和工程师。他曾在索邦大学学习物理学，获得博士学位。他还曾是诺贝尔奖得主弗雷德里克·约里奥－居里（Frédéric Joliot-Curie）在巴黎居里研究所（Curie Institute）的一名亲密助手。

  费登奎斯也是一位受人尊敬的柔道导师，并且写了很多关于柔道的书。1936年，他在法国创立了第一家柔道俱乐部。20世纪40年代，费登奎斯住在英国，在一次严重的受伤后，他发现自己不能正常走路了。他开始深入探索身体动作、治疗、觉察和学习之间的关系。广博的知识，加上他的物理学和工程学背景，为他恢复动态活动的能力提供了独特的视角。他开始将自己开创性的发现用于帮助他人，并最终形成了以他的名字命名的方法。

  在1984年去世之前，费登奎斯在以色列特拉维夫亲自培训了一小群专业人士，以继续他的工作。如今，全世界有近1万名费登奎斯方法工作者。费登奎斯写了很多关于他的方法的书，包括《身体与成熟行为：焦虑、性、重力与学习》（*Body and Mature*

Behavior: A Study of Anxiety, Gravitation, Sex and Learning）、《动中觉察》（*Awareness Though Movement*）、《费解与显然》（*The Elusive Obvious*）。他的见解为身心教育（somatic education）这一新领域的发展做出了贡献，并持续影响其他学科的发展，如艺术、教育、心理学、儿童发展、物理和职业治疗、运动增强以及老年医学。

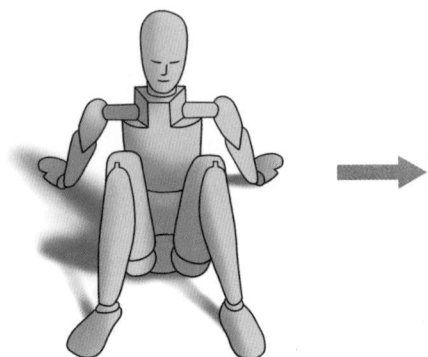

双手放在背后，双膝弯曲，脚掌平放在地板上

坐下，再次向另一个方向做动作（准备下一个循环）

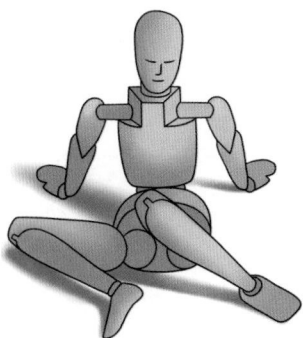

以脚掌为铰链，双膝向右侧倾斜

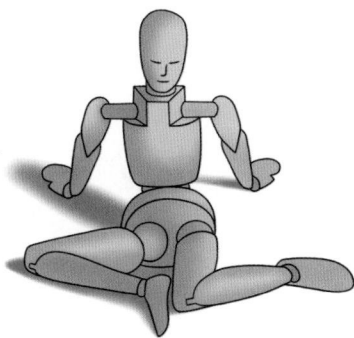

双膝倒向左侧，再回到右侧

起身，但身体不要完全直立……

右腿也跟着伸直以分担体重

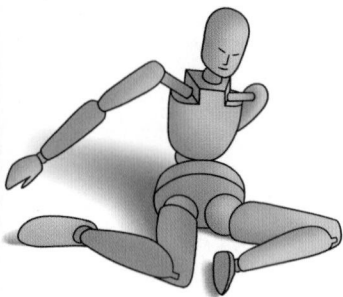

增加双膝间的距离，让倾斜的腿有足够的空间

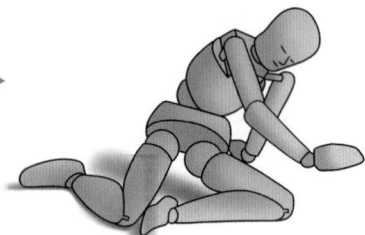

在双膝左右倾斜时，觉察哪只手是不需要用于支撑身体的，可以毫无困难地抬起这只手

骨盆以螺旋向上的方向移动，带动左腿，右腿承受全身重量

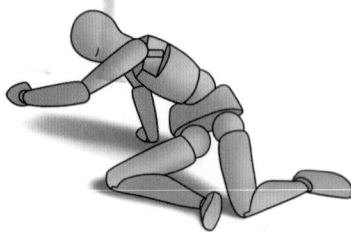

右膝支地，左手臂向右前上方摆动

你可以越来越舒适地抬高骨盆

双膝向右倾斜

左手也向右摆动

双膝向右倾斜

右脚踩在地板上

身体完全转动，直到你双脚
站在地面上时面向后

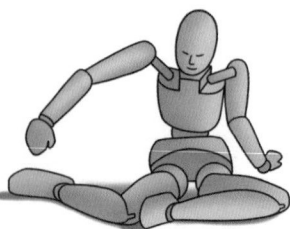

坐在地板上

准备坐在地板上

继续螺旋上升，双眼找到地平线

完成起身动作

做反向动作。先移动骨盆，让右脚掌离开地板

弯曲膝关节，让腿回到最初坐姿时的位置